城市生物多样性
与建成环境

Urban Biodiversity and
Built Environment

于靓 著

同济大学 出版社
TONGJI UNIVERSITY PRESS

图书在版编目（CIP）数据

城市生物多样性与建成环境 / 干靓著 . -- 上海 :
同济大学出版社 , 2018.9
ISBN 978-7-5608-8050-1

Ⅰ . ①城… Ⅱ . ①干… Ⅲ . ①城市 — 生物多样性 — 生
物资源保护 — 研究 — 中国②生态城市 — 城市建设 — 研究 —
中国 Ⅳ . ① X176 ② X321.2

中国版本图书馆 CIP 数据核字 (2018) 第 168726 号

城市生物多样性与建成环境
Urban Biodiversity and Built Environment

干靓 著

策划编辑 江岱　　**责任编辑** 朱笑黎　　**责任校对** 徐春莲　　**装帧设计** 钱如潺

出版发行　同济大学出版社
　　　　　（地址：上海市四平路 1239 号　邮编：200092　电话：021-65982473 ）
经　　销　全国各地新华书店
印　　刷　上海安兴汇东纸业有限公司
开　　本　787mm×1092mm　1/16
印　　张　12.5
字　　数　250 000
版　　次　2018 年 9 月第 1 版　　2018 年 9 月第 1 次印刷
书　　号　ISBN 978-7-5608-8050-1
定　　价　68.00 元

序

我于 1997 年底起草《21 世纪城市规划宣言》时，正是国内城市被经济单项追逐所困惑之时，当时我提出"三大和谐"目标以作为城市未来的规划与发展方向，"人与自然环境的生命和谐"被我非常慎重地列在首位。另外两条追求的和谐目标则是"个体的人与社会和谐"与"历史与未来发展的和谐。"

面对日趋严峻的城市生命环境问题和挑战，21 世纪后，我逐步把城市生命的论文布局到城市生态的各个方面，以前分别有硕士生完成"能源""水系""物质循环""气流""土地"这五个方向的论文，但当时留下最后一个"生物"，一直没有找到合适的硕士生来完成。

渐此，"能、水、物、气、地、生"，我在 2004 年架构城市生命的六个要素一直空着最后一个台阶。

我曾在瑞典哈马碧等许多生态样本实验城市中看到了许多尝试，这些现在大名鼎鼎的生态城市"Eco-city"，实际只在"能源"、"水系"和"物（质）环（境）"三个层面上做出了成绩，而离"Eco"的"生命"，还存在关键的距离。

2010 年，干靓在硕士毕业多年后又开始了博士学位攻读，我还是选择了她来攻关和梳理生态城市的关键要素"生物"，希望她以城市生物多样性与城市建成环境的关系作为研究议题，重新审视城市与自然环境的互动关系，以期充分发挥城市规划在促进城市生态运行的积极作用，并以此补充生态城市研究维度的缺失。在研究过程中，她克服跨学科专业壁垒与基础数据的缺失，潜心研读城市生态学和城市生物学的相关文献，深入第一线进行长期的现场调研，取得了第一手资料，完成了令人满意的学术成果。

本书是干靓在博士论文基础上深化的成果。该书针对我国城市规划建设中生物生境系统缺失的前沿问题，从城市规划的视角，开展了城市生物多样性与城市建成环境关系的研究，通过实证检验，探讨不同尺度城市建成环境对以鸟类为主的城市物种多样性的影响效应和作用机制，提出有效保护生物多样性、促进生态系统服务功能优化的城市空间规划设计控制要素，可为城市生态规划的编制、实施和管理提供理论依据，为在实践过程中保护和提升城市生物多样性、在有限的土地资源上推动高密度人居环境与自然生物栖息空间和谐共生的建成环境优化提供依据。

在中国城镇化率跨越 50% 的关键阶段，新时代的城市发展生态文明构建成为目标导向，而以人与自然的生命共同体则可作为其指导思想。城市生物多样性作为城市重要的自然资源，其价值应该得到更多的认同和尊重，在城市发展的综合利益评估过程中不应一味被牺牲。希望通过更多跨学科的研究与实践，在高密度城市营造生物友好、自然亲和的生态环境，也为市民提供身边可见、可听、可感的自然生态福祉。

中国工程院院士，同济大学副校长，全国工程勘察设计大师
2018 年 8 月于同济园

目　录

1

城市生物多样性与建成环境研究
的意义与进展

1.1 通过城市规划提升城市生物多样性的必要性

城市生物多样性是评价城市生态系统服务功能的重要指标。当前中国生态城市建设较少涉及城市生物生境系统的营造和修复。在人与自然是生命共同体的理念逐渐成为全社会共识的背景下，从城市规划的视角出发，解析城市生物栖息的空间环境需求，探讨不同尺度城市建成环境对城市生物多样性的影响效应和作用机制，提出有效保护和提升生物多样性的城市空间规划设计策略，对促进生态系统服务功能优化和营造人与自然和谐共生的城市环境具有重大意义。

1.1.1 人类活动对生物多样性的破坏日益严重

随着人口迅速增长和科技的飞速发展，人类在创造文明的同时也缔造了一个在人类控制下的全球生态系统。长期以来对生物资源及土地的过度利用，导致动植物栖息地丧失、环境污染等一系列问题，从而引发全球性的物种灭绝危机，使生态环境及生物系统遭受极大威胁。据专家估计，由于人类活动和气候变化，地球上的生物种类目前正在以相当于正常水平 1 000 倍的速度消失，全球已有约 3.4 万种植物和 5 200 多种动物濒临灭绝，物种数量和分布发生了大范围的变化（耿国彪，2013），成为全球性生态危机之一。

生物多样性的危机是多种因素综合作用的结果。联合国环境规划署和《生物多样性公约》秘书处（SCBD）于 2010 年发布的《全球生物多样性展望》（第三版）报告指出，直接造成生物多样性丧失的五大主要因素是：生境的消失和退化、气候变化、过度养分负担和其他形式的污染、过度开发和不可持续的利用，以及外来物种入侵；而全球人类活动所造成的物种灭绝速度，是自然条件下的 1 000 倍（联合国环境规划署，2010）。在人类活动中，工业化和城市化首当其冲——无序蔓延的城市开发造成许多野生动植物栖息地日趋萎缩；铁路和公路等区域基础设施建设导致野生动植物栖息环境破碎化，直接威胁种群繁衍；水利设施尤其是水闸堤坝的修筑造成江河与湖泊的隔断，堵塞了鱼类洄游与种群交流的通道；农业生产中农药和化肥的大量施用，以及工业废物和生活垃圾的无序排放，改变了生物物种的生理特征及栖息环境，导致许多种类灭绝或种群数量大大减少。

与其他全球环境问题相比，生物多样性的丧失显得更为严峻。《全球生物多样性展望》指出："生物多样性的持续丧失对人类当代和子孙后代的福祉具有重大的影响。"（联合国环境规划署，2010）多样性的丧失是否会损害生态系统的生物地球化学循环以及和人类健康密切相关的生态系统健康与否是生态学长期广泛关注的议题（许凯杨等，2002）。2005 年联合国环境署（UNEP）《千年生态系统评估报告》中的《生态系统与人类福祉：生物多样性综合报告》指出，生物多样性的不断丧失，已使生物系统服务功能不断恶化，从而加剧了生态系统的脆弱性，减少了食品的供应，极大地影响了人类的健康（UNEP，2005）。其主要原因在于，生物多样性的变化改变着生态系统过程和生态系统对环境变化的抵抗力和韧性，从而对生态系统服务功能产生深远影响，继而又通过反馈机制影响人类的健康和福祉（许凯杨 等，2002）。**由此可见，人类活动尤其是快速城镇化发展对自然生物栖息空间的侵占，不仅会影响城市生态系统最根本的基底，也间接干扰着城市居民的身心健康。**

1.1.2 生物多样性对城市环境的支撑作用常常被低估

生物多样性是城市生存的根本条件，对维持城市的生态平衡和可持续发展具有至关重要的意义。城市作为居民生活的场所，通常被认为动植物相当贫乏。可事实上，生物生存所需的营养物质、水分、阳光、空气、适宜温度和一定的生存空间这六大要素在城市中均可获得，因此无论所处的地理位置和气候情况如何，许多城市的维管束植物和大部分野生动物群落都有着较高的物种丰富度。其中一些城市甚至还处在（或接近）生物多样性的热点地区之中，另一些则是迁徙物种重要的中转栖息地。根据欧洲的相关研究，50% 以上的区域甚至一个国家的物种群落存在于城市中，例如，比利时境内 50% 的植物都存在于布鲁塞尔；罗马周边区域一半以上的鸟类都能在罗马市内被发现；波兰境内 50% 的脊椎动物和 65% 的鸟类存在于华沙，在过去 10 年间，至少有 12 种新的鸟类和 2 种新的哺乳类动物占领了高度城市化的地区（Müller et al.，2010）。由此可见，城市并非动植物生存的绝对"沙漠"，也同样可以容纳与人类共生的其他物种。

城市生物多样性为该地区建成环境提供的生态系统服务不胜枚举，而其支撑作用和价值却又常常被低估。从生态系统服务功能的视角来看，除了美学与文化服务价值之外，生态系统调节了水、空气、土壤的供给和品质，为提高空气湿度、修复污染土壤、提高土壤肥力和降低噪声提供了服务。供应城市地区的水通常来自城市边界附近的集水区，这些集水区因为有了能储藏和净化水源的自然生态系统而得以持续发挥功能。城市绿化补氧、固碳，吸收太阳辐射，降低空气污染，保持水的平衡，通过遮阴和蒸散调节城市景观的表面温度，降低热岛效应。公园和自然区域在支撑城市自然生态亚系统与多种物种栖息生境的同时，也为居民提供休闲和教育的机会，促使市民接触自然，创建场所感，对人体身心健康产生积极影响（Gómez-Baggethun et al.，2013）。而从经济价值而言，英国和美国的多项研究结果显示，行道树以及可见的自然景观和水体可以使物业增加 5% ~ 18% 的价值（Brennan & Connor，2008）。

诚然，城市生物多样性也有一定的反服务（Disservice），如微生物导致木结构分解腐烂，鸟类排泄物对石材建筑和雕塑的腐蚀，蚊虫传播疾病，以及树木对视线的遮挡等。但由于**城市生物多样性能够最直接地被人类所接触和感知，并且可以有效反映城市生态环境的优劣，因而对维护城市系统生态安全和生态平衡、改善城市人居环境具有重要意义。**

1.1.3 城市在生物多样性保护方面的作用日益受到关注

随着全球进入城市时代，城市在保护生物多样性方面的作用变得日益重要。城市土地的有效使用和自然生态系统的管理可以使城市及其周边的居民和生物多样性同时受益。因此，城市成为遏制全球生物多样性丧失解决方案的重要组成部分。2006 年，地方政府可持续发展（ICLEI）大会在南非开普敦召开，超过 300 名 ICLEI 成员城市的代表和地方当局聚集在一起，设立了一个有关当地生物多样性行动的试点项目（ICLEI-Local Action for Biodiversity，简称 LCLEI-LAB）。随后，2007 年 3 月，在巴西库里提巴召开了名为"城市和生物多样性：实现 2010 年生物多样性目标"的会议。此次会议启动了"全球城市和生物多样性合作伙伴关系"，以帮助各城市持续地管理城市生物多样性资源，协助贯彻执行其国家和国际策略，并为城市间提供了一个分享最佳实践解决方案的平台。2010 年，它进一步扩大，更名为"地方和次国家级生物多样性行动的全球合作伙伴关系"，把其他层次的地方及次国家级（省级和地级）当局也包括在内，建立了由 30 个国家约 50 个次国家级（省，地）政府所组成的国际组织"促进可持续发展的区域政府网络"（Network of Regional Governments for Sustainable Development，简称 nrg4SD）。这种合作伙伴关系得到了《生物多样性公约》秘书处的大力支持和推动，吸引了全球市长气候变迁委员会、生态城市项目以及城市生物圈网络（URBIS）、城市生物多样性和设计网络（URBIO）等其他城市联盟组织的参与（Chan et al.，2014）。

12

2008年5月在德国波恩召开的《生物多样性公约》缔约方大会第九次会议（COP9），标志了该公约自1992年缔结以来的一个重大分水岭——城市和地方政府在保护和强化全球生物多样性方面的作用终于得到了认可。COP9大会所采纳的第IX/28号决议，鼓励各国政府让本国的城市参与履行生物多样性公约。此外，第IX/28号决议还为各个城市、地方当局与次国家级政府提供了有利条件，使其能够更多地参与地方当局生物多样性公约计划方面的工作。这意味着城市生物多样性的重要性首次得到联合国及缔约方官方的确认。同年5月26—27日在波恩举办的"生物多样性地方行动"会议，吸引了来自30个国家50个城市的市长代表，而5月21—24日在埃尔夫特举办的"城市生物多样性和设计——在城镇实施生物多样性公约"大会，邀请了来自50个国家400多名科学家、规划师和其他从业人员，首次讨论了生物多样性的科学知识和实践与城市环境规划、设计和管理之间的关系，并在会后发布的同名论文集中指出，城市生物多样性的重要性在于：①特殊但对整个地球的生物多样性而言极其重要；②反映了人类文化；③在日益全球化的社会中帮助提升生活品质；④人有着亲近自然生物的本能，城市生物多样性是大部分人类能够体验的唯一生物多样性（Müller et al., 2010）。

在2010年举办的《生物多样性公约》缔约方大会第十次会议（COP10）上，各缔约方采纳了关于次国家级地区政府、城市和其他地方当局生物多样性行动计划的第X/22号决议，通过向各国政府提供如何鼓励地方当局参与以及怎样把全国性策略与地方实际情况相结合的具体建议，支持各国和各地方政府在2011—2020年间实施生物多样性战略规划。此次会议也提出鼓励使用城市生物多样性指数（CBI）作为监测工具，协助地方当局评估它们在城市生物多样性保护方面的进展。

在学术领域，根据同济大学图书馆对2006—2015年全球城镇化领域国际学术论文的研究，生物多样性（Biodiversity）与土地使用（Land Use）、保护（Conservation）并列成为过去10年间城镇化领域研究的年度五大热点中仅有的每年都出现的三大关键词（慎金花 等，2015），体现出生物多样性议题在城镇化研究中日益显著的地位。

在中国，城市生物多样性研究也日益受到关注。根据中国知网查询显示，截至2016年8月15日，科技文献（包含期刊论文、硕博士学位论文、国内外会议论文和重要报纸文章）中，篇名包含"生物多样性"的文献共计6 638篇，包含"城市生物多样性"字样的有99篇，占总篇数的1.5%，58篇文献出现在2008年后，显示出"城市生物多样性"领域的国际研究大势对国内业界的影响（图1-1，图1-2）。

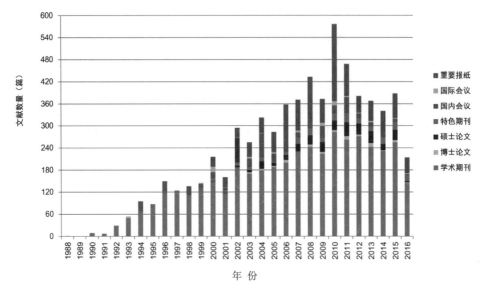

图 1-1 截至 2016 年 8 月 15 日，中国知网平台中篇名包含"生物多样性"的文献
（数据来源：中国知网数据平台 http://www.cnki.net/）

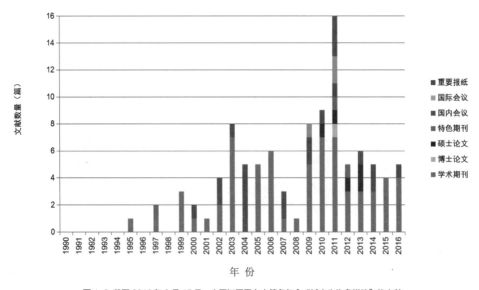

图 1-2 截至 2016 年 8 月 15 日，中国知网平台中篇名包含"城市生物多样性"的文献
（数据来源：中国知网数据平台 http://www.cnki.net/）

1.1.4 中国生态城市规划缺少对生物生境系统与建成环境关系的研究

近年来，在中国快速城镇化的过程中，随着生态文明建设的大力推进，全国各地的城市纷纷开展了以"生态城市""低碳城市""低碳生态城市"为目标的建设，根据中国城市科学研究会出版的《中国低碳生态城市研究报告》的统计，当前中国提出以生态城市和低碳城市为发展目标的地级城市已达 259 个，占相关城市总数的 90% 以上。中新天津生态城、唐山曹妃甸生态城、深圳光明新区、无锡太湖新城等代表性城市，为打造生态城市做出了有益的尝试。然而纵观大部分的生态城市规划研究与建设实践，无论是现状生态基底调查诊断，还是生态规划设计方法，或是生态城市评价指标体系，都主要强调交通、能源、建筑等绿色人工环境的塑造，而对城市生物生境系统及其与建成环境的关系的研究与实践相对较少。

以生态城市指标体系为例，国家环保部《生态县、生态市、生态省建设指标(修订稿)》，包括经济发展 4 项、环境保护 11 项和社会进步 7 项共三类，共 22 项指标，没有一项涉及"生物生境系统"；中国城市科学研究会颁布的《低碳生态城市指标体系》，包含资源节约指标 7 项，环境友好指标 9 项，社会和谐指标 10 项，经济持续类指标 4 项，仅有"综合物种指数"和"本地物种指数"两项涉及"生物生境系统"。在此基础上形成的中新大津生态城、唐山曹妃甸生态城、深圳光明新区生态城、无锡市太湖新城生态城、上海崇明生态岛等生态城市的评价指标体系，在生物生境系统维度，虽然纳入"本地植物指数""新建绿化用地物种多样性""新建绿化用地植林率""占全球种群数量1%以上的水鸟物种数"等指标，但整体而言，这些指标重植物、轻动物，某些涉及特定物种，并缺少空间引导属性，很难纳入城市规划控制管理体系，无法在评价实施管理中真正发挥作用。

欧洲和其他一些国家非常重视城市规划中的生物多样性保护，在城市规划的各个阶段将生物多样性列为重要内容，基于大范围调查，制定出各项规划政策。例如，英国《针对英格兰东南部地区规划和发展部门的生物多样性指南（2002）》、西澳大利亚地方政府协会编制的《珀斯都市圈地区生物多样性规划指南（2004）》、新加坡国家公园委员会编制的《生物多样性战略和行动计划（2009）》、德国参议院城市发展和环境部发布的《柏林生物多样性战略》（2012）等（沈清基，2004；赵彩君，2013；National Parks Board，2009；Senatsverwaltung für Stadtentwicklung und Umwelt，2012），都强调城市规划与生物多样性保护的重要关系，致力于长期监控土地使用变化对生物多样性的影响，帮助规划设计人员将生物信息数据与土地使用数据结合，并在规划系统中明确提出保护生物多样性的路径和方法。

中国自建设部 2002 年颁布《关于加强城市生物多样性保护工作的通知》以来，也逐渐明确了城市规划对生物多样性保护的重要作用。但总体上看，中国城市规划领域对生物多样性的研究与实践尚处于起步阶段。目前已有部分城市制定了宏观尺度的城市生物多样性保护规划，但由于编制制度规范的缺失以及城市主管部门意识与能力的不足，贯彻力度较低。而在中微观尺度上，由于规划项目环境影响评价和建设项目环境影响评价的要求，以及生物多样性保护意识的增强，在部分城市重大项目建设中执行了城市生物现状资源的调查。例如上海世博会在规划建设初期由华东师范大学联合上海科技馆等研究单位开展了泛园区鸣虫和蝴蝶状况、园区及其周边地区鸟类多样性和影响因子、园区植被与植物资源、园区植物病虫害以及区域鼠类的详细调查，并构建了信息数据库（王小明 等，2008）；天津自然博物馆和上海科技馆分别在中新天津生态城和上海新江湾城项目启动之初对基地内的生物资源进行了调查（郭旗 等，2008；金杏宝 等，2005）；等等。这些现状调查积累了大量的本地生物数据资料，但由于与现行的城市规划设计控制体系脱节，没有紧扣城市规划通过空间形态布局手段对土地资源进行空间配置的特性，规划设计人员未能及时理解生物多样性数据与空间布局之间的关联性，致使前期完成的大量生物系统调查和生物空间功能区划研究无法在规划编制和实施过程中得到有效应用。

事实上，"生态城市"的概念最早出现于 1971 年联合国教科文组织（UNESCO）"人与生物圈（MBA）"计划，从一开始就强调人与自然环境在整个地球生物圈中的和谐共生。在中国城镇化率跨越 50% 的关键时期，党的"十八大"报告明确提出了"尊重自然、顺应自然、保护自然"的生态文明理念，十八届三中全会又提出了"建立系统完整的生态文明制度体系"，对新时期的城市规划建设提出了更明确和更高层次的生态转型要求。联合国人居署和地方政府可持续发展委员会等机构 2012 年联合发布的《城市与生物多样性展望报告》指出，城市化对生物多样性和生态系统服务功能而言既是挑战也是机遇（UN-Habitat et al.，2012），也再次为城镇化与城市发展过程中如何保护自然生物资源，提供了新的依据和方向。

由以上背景可以得出，在高密度城市建成环境中维护和提升生物多样性，是城市可持续发展面临的关键问题之一，导入生物多样性视角也是城市规划尤其是生态城市规划设计研究中有必要进一步探索的领域，可以为未来的城市生态转型发展提供更多的借鉴与参考。

1.2 城市生物多样性规划研究进展评述

本节从宏观、中观、微观三个尺度对国内外城市生物多样性规划研究现状与重要实践进展进行评述，进而从规划视角、规划范畴、规划尺度、规划对象四个方面指出当前中国生物多样性规划的不足。

1.2.1 宏观尺度的城市生物多样性规划

1. 生态网络规划

宏观尺度生物及其栖息空间环境系统规划的核心议题是生态网络体系的构建。欧盟的《泛欧洲生物和景观多样性战略》（*The Pan-European Biological and Landscape Diversity Strategy*）提出建立跨欧洲的生物保护生态网络体系，这一体系涉及不同的空间尺度，城市地区是其重要的组成部分（European Commission，1992）。以英国为例，在国家层级确定"具有特殊科学意义的地质遗迹"（SSSIs）作为最佳的野生动物场地纳入法定保护范畴，其中有特殊质量的 SSSI 被划定为国家级自然保护区。在地方和城市层级，重要的自然保护地或野生动物场地在地方开发规划的法定空间管制中根据重要性确定级别，为促进自然教育、公众认知作出贡献（Department for Food and Rural Affairs，2011）。而人多地少的荷兰则以将大量小型生境纳入整体系统的保护网络为目标，从 1990 年开始实施国家生态网络（National Ecological Network）建设，通过主要自然保护区、自然复育区、生态走廊的"碎片重整"将破碎化的生境整合起来（刘海龙，2009）。

国内有关生态网络规划的研究与实践主要包括詹志勇（Jim C.Y.）等（2003）对南京绿地系统生态网络规划的研究，李锋等（2004）对北京城市绿化生态网络的规划，王海珍（2005）为厦门岛绿地生态网络所做的多方案规划，詹运洲等（2011）基于上海基本生态网络规划提出的规划控制方法和实施机制，等等。与欧洲的不同之处在于，国内的生态网络规划并非以生物多样性的维持、野生生物栖息地的保护为核心，而更多以划定城市增长边界和满足基本生态系统服务功能的生态空间为主要目标，因而在对生物多样性的维持上略逊一筹，同时也缺乏与区域生态网络的连接和延伸。

2. 生物多样性保护规划

城市生物多样性保护规划是宏观层级保护生物及其栖息地的另一主要模式。德国柏林于 1994 年引入"生物小区用地因子"（Biotope Area Factor）策略，在保留密度的同时建设城市绿色基础设施，规划栖息地网络涵盖整个城市，中心城在维持密度的同时保留或增加可以到达自然的地区，转型区（Transition Area）提供可以为更广地区服务的连通型生境，城区边缘地带则保证大型生境以"指状"形态嵌入城区（Berlin Department of Urban Development，1995）。澳大利亚悉尼市提出把动植物引进城市，保护和丰富城市的生物多样性，并在奥林匹克公园内保留和恢复了大片的湿地、沼泽、丛林。荷兰用植物规划的方式使城市得到新的发展。日本则在进行城市生物多样性保护的过程中注重"将自然引入城市"，即在城市中引入自然群落结构机制或建立相似结构的人工群落（赵明远 等，2009）。

中国当前生物多样性保护规划主要集中在城市总体规划阶段的绿地系统规划，并聚焦于植物多样性保护规划。相关研究主要包括黄国勇（2002）对福建省泉州市生物多样性规划的研究，王小德等（2005）对衢州市城市植物多样性的四个层级保护和建设规划的方法与途径的研究，周鸿鹄（2008）编制的三明城市植物多样性保护规划，杨耿等（2005）对上海市金山区生物多样性保护规划的研究，崔仁泽（2011）对无锡市城市生物多样性保护规划编制的研究，曹兴兴（2013）对广州城市生物多样性保护规划的研究，等等。此外，石家庄、昆明、海门、梧州、福州、黄山、安顺、丽水等城市近年来也纷纷在总体规划层级编制自身的城市生物多样性保护规划。

3. 地方生物多样性行动规划

地方生物多样性行动规划（Local Biodiversity Action Plan，简称 LAP）是"倡导地区可持续发展国际理事会"（ICLEI）2006 年发起的本地生物多样性行动的试点项目，作为地方政府在全国生物多样性规划目标框架下的地方行动指南，获得了国外很多城市的关注。

在英国，LAP 由地方政府与利益相关方共同制定，用于确定地方优先保护的特定栖息地和物种。为了体现国家级规划所确定的保护优先度，优先保护重要栖息地和濒临灭绝的物种，同时也保护一般的"普适化"生境和本地物种（Environment Agency et al.，2009）。

在爱尔兰，郡域发展规划（the County Development Plan）重点标识指定场地、保护物种和敏感景观，提出在野趣化景观中保护和强化生物多样性的政策和目标，保护河流、小林地和物种丰富的草地等更广泛的基质。郡域发展规划的核心文件即 LAP，其核心议题是进行生境普查以及郡域的生物多样性评估，确定具有地方重要性的栖息地、物种和场地。这些信息为后续划定敏感区提供依据。作为法定规划，LAP 将对生物多样性的考虑纳入地段开发的整合框架中（Brennan et al.，2008）。

高密度的亚洲城市新加坡在 LAP 中，强调从"花园城市"（Garden City）向"花园中的城市"（City in a Garden）的转变，以"生物多样性避风港"（A Haven for Biodiversity）为目标，将生物多样性资源视为国家自然遗产，采用一体化的自然保育方法，构建人与自然和谐共生的生态空间网络，并将对生物多样性和生态系统的考虑纳入国家规划过程中（National Parks Board，2009）。

1.2.2 中观尺度的城市生物多样性规划

中观尺度的城市生物多样性规划主要是在城镇社区尺度上对生物多样性保护的控制与引导，一般作为宏观层面规划的具体策略落实。英国城乡规划协会 2004 年发布针对社区的"生物多样性设计指南"，提出通过建立新的绿色基础设施、绿色网络和社区森林、绿道和行道树的方式保护和提升社区的生物多样性，并针对增长次区域、新城镇增长区、住宅市场更新创业区提出不同的开发密度建议（The Urban and Economic Development Group，2004）。

芬兰赫尔辛基 Viikki 区则强调社区尺度与自然的联系，规划 1 700 户与自然紧密联系的住户单元，毗邻 250hm² 的湿地鸟类自然保护区，建设 34hm² 的社区公园，并通过生态种植廊道将"指状"的自然引入每个住宅组团。另外还通过建设儿童生态公园、花园中心和份地花园推动自然教育与社区融合（City Planning Department of Helsinki, 1999）。

瑞典马尔默在开发控制中明确纳入生物多样性控制引导要求，如在其 Bo01 地块的规划中，提出了"生境镶嵌体"（Habitat Mosaics）和"绿色空间因子"（Green Space Factor）的概念，要求每个物业的开发商采用提升生物多样性的措施。每个开发商必须从 35 个绿色分值中获取 10 分，得分项包括：院子里有 50 种以上的乡土草本植物、所有的墙面覆盖攀缘植物、所有屋顶为绿色屋顶、每个公寓都设有至少一个鸟巢、院子里常年提供鸟类的食物、建筑立面上设有燕巢装置、院子里有为蝙蝠和特定昆虫提供的筑巢空间和生境等（Emilsson et al., 2013）。

1.2.3 微观尺度的城市生物多样性设计

在微观尺度的生物多样性设计层级，Connery（2009）提出了街区和场地尺度整合区域生态网络的设计方法；AECOM（2013）提出包含生境优先度、多样性、质量、面积、形态和规模、连通性以及生态系统类型模式等维度的景观生物多样性指数（Landscape

Biodiversity Index）；王敏等（2014）提出基于生境单元分类体系的城市公园生物多样性设计框架。

另有部分研究着眼于鸟类、鱼类等具有一定观赏价值的目标物种的生境修复和营造，所涉及的空间主要包括公园、湿地和滨水开放空间。如潘玥玥（2013）和刘佳妮（2015）从水域设计、生态驳岸设计和滨水植物群落设计等方面分别讨论了浙江城市滨水开放空间的鱼类生境和鸟类生境构建策略；台湾学者林宪德（2001）从生境再造的角度提出了基于鸟类、鱼类和萤火虫等不同种群生物多样性的设计方法。

还有一些研究从植被配置和立体绿化等方面提出了设计策略，如王云才等（2009）提出了群落生态设计理论与方法；叶颂文等（2016）提出生物多样性屋顶、对生态负责的立面、亲近生态的空中花园等高密度城市亲生物设计策略；吴正旺等（2016）提出"设计结合微自然"的理念，即在建筑设计中结合微自然保护进行场地布局，将建成环境中的绿地适度地部分自然化，同时尽可能在建成环境中设置近自然绿地，并结合植物群落进行微自然修复，提高城市生物多样性及生态稳定性。

在实践方面，国外的很多城市多以设计指南或导则的形式为微观尺度的生物多样性设计保驾护航。如大伦敦地区的伊斯灵顿市（Islington）在《建成环境中的生物多样性——最佳实践指南》（*Sustainable Design and Green Planning Good Practice Guide*）中提出：即便一个场地上没有重要的生境或需要保护的物种，生物多样性也应该得到重点考虑。所有的开发都必须对提升生物多样性作出贡献，尽可能创建生物生境，所采用的方法上至连接整合的生态景观和可持续排水系统，下至微观尺度的绿色屋顶、垂直绿墙甚至招引巢箱等，并强调小尺度生物多样性的设计与提升，如利用社区花园和口袋花园等"家门口"空间为更好的生境模块创造潜力（Islington County Council，2012）。Gunnell 等（2013）提出了新建建筑与既有建筑改造中为城市野生动物定制休憩生境和筑巢环境，并有效防止光污染和车辆碰撞的导则。美国的旧金山市、纽约市、明尼苏达州都推出了以保障鸟类安全为目标的鸟类友好城市场地规划、景观设计和建筑设计导则（New York City Audubon Society，2007；Audubon Minnesota，2010；San Francisco Planning Department，2011）。Werner 等（2016）在为德国联邦自然保护局提供的报告中分析了在建筑更新改造中纳入整合雨燕、鸽子、蝙蝠等野生动物栖居的实践案例。

1.2.4 当前中国城市生物多样性规划的不足

1. 规划视角——重保护，缺提升

从语汇上看，国内的城市多样性规划策略全部采用"保护"（Conserve）作为核心目标，而国外则将保护与"提升"（Enhance）并重，体现出对于城市生物栖息空间利用的不同态度。虽然城市生物多样性规划在中国已日益得到重视，但由于当前尚有大量城市社会和防灾问题亟待解决，生物多样性规划策略研究与实践在整个规划体系中仍处于较为弱势的地位。此外，中国在经历了30多年高速度、高密度、高强度的城镇化之后，支撑生物栖息的生态空间已被大量挤占，因此生物多样性规划的首要作用尚处在"底线防守"的保护阶段。而处于城市化平稳发展期的西方国家，则已有余力落实满足城市居民对其他生灵的亲近本能，因此在保护的同时还渴求提升生物多样性及其所附带的生态系统服务功能。

2. 规划范畴——重局部，缺整体

与国内研究与实践较多关注自然保护区、大型公园绿地和特定物种的生境所不同的是，国外更强调所有城市空间全覆盖的生物多样性潜力，尤其在规划对策的研究中，无论是英国的"go wild"还是美国的"going native"，也无论是日本的"将自然引入城市"和新加坡的"花园中的城市"，都体现了对城市生物、城市自然、城市野趣价值的认同和尊重，并且出现了大量由各级规划管理部门、设计企业和 NGO 发布的保护和提升生物多样性规划设计的导则，涵盖区域、城市、社区、建筑等多个尺度，帮助规划师、开发商、业主通过自己的努力，共同建设人与其他生物共生的城市环境。

3. 规划尺度——重两端，缺衔接

在规划尺度上，国内外的研究与实践比较关注宏观尺度和微观尺度，而中观尺度的研究与实践较少，这在国内的研究中尤为明显。事实上，作为承接落实宏观尺度目标并为微观尺度预留空间的中观尺度，在整个规划体系中是不可或缺的重要环节。尤其是对于高密度建设的中国城市，近年来在生态文明国家战略的指引下，已经在宏观尺度日益重视基本生态空间和生态网络的划定，为在新一轮城市建设中保护生物多样性奠定了基础。而中观尺度作为直接面对开发建设的第一线，如果不增加对生物多样性的关注，是最容易在生物栖息环境的保障中失守的一环。而这一环节的缺失，也势必使微观尺度的生境营造更为破碎零散，使得整体生物多样性和生态系统服务功能受到更大影响。

4. 规划对象——重植物，轻动物

在城市生物多样性规划实践尤其是总体规划层面的保护规划实践中，国内的研究更偏重于植物而较少考虑城市野生动物，生态城市指标体系中也较多聚焦"本地植物指数"等偏重植物多样性的生物生境系统指标。实际上，野生动物是城市不可或缺的组成元素，为城市带来无限生机，使人们在工作之余拥有更多亲近自然的机会。更重要的是，野生动物处于城市生物营养级类群的更高层级，相对于人工化程度更高的植物而言，它们在城市中的空间行为是其本身对城市生态系统适应的结果，更能体现城市生态环境的优劣。如蛙类是城市水系水质的指征物种，蜻蜓是湿地生境的指征物种，而鸟类则是城市生态系统综合质量的指征物种。因此在城市生物多样性规划中也应该将城市野生动物纳入整体考虑。

1.3 本章小结

根据对当前研究背景的分析以及笔者对国内外现有研究的分析和总结，发现国内城市规划界在城市生物多样性及其空间规划设计支持系统的研究领域还有很多需要探索的问题。例如，国外已有的研究在中国的城市环境中是否适用？在高密度城镇化成为国内大部分大城市发展选项的客观条件下，相对"紧凑"的城市人居环境格局与自然生物栖息环境之间的关系如何平衡？城市化对生物多样性而言既是挑战又是机遇，城市发展所带来的建成环境空间要素的改变对城市生物多样性将产生哪些影响？城市是否有特殊的不同于自然条件下的生物栖息空间？现有的城市规划用地布局模式中是否存在生物栖息空间的阈值？城市空间规划设计方法又能否优化和改善高密度城市的生物多样性？面对这样一个庞杂的系统，所有这些问题，都需要先回答一个基本问题，即在中国相对高密度的城市空间格局发展过程中，不同尺度的城市建成环境要素与生物多样性之间是否有关系；如果有关系，是在哪些维度上相关？又以怎样的机制产生关联影响？

基于以上问题，本书通过理论推导和实证研究，对不同尺度城市建成环境和城市生物多样性之间的关系进行系统分析，提炼基于空间结构变量的规划设计控制引导关键指标并辅以设计策略，以期能为城市生态规划的编制、实施和管理提供理论依据，为在实践过程中提高城市生态系统服务功能、保障城市可持续建设中人与自然的和谐共生提供技术支撑，为在中国城镇化建设过程中平衡"高密度紧凑型"开发和生物栖息环境的保留与提升之间的矛盾，提供城市空间规划和设计的依据，推动城市可持续建设过程中"人与自然的和谐"。

2

城市生物、生物多样性与生物栖息环境
的基本理论

2.1 城市生物的概念、类型与营养级类群

本节解读了生物、城市生物、城市野生动物的概念，分析了城市生物的主要类型，并由此引出了城市生物的营养级类群的概念和原理。

2.1.1 城市生物的概念

1. 生物

《辞海》中关于"生物"的解释为"自然界中具有生命的物体，包括植物、动物和微生物"。维基百科则认为"生物是具有动能的生命体，也是一个物体的集合，而个体生物指的是生物体。其元素包括：在自然条件下，通过化学反应生成的具有生存能力和繁殖能力的有生命的物体以及由它（或它们）通过繁殖产生的有生命的后代。生物最重要和基本的特征在于进行新陈代谢及遗传"。遗传和繁殖是生物的基本特性。

2. 城市生物

从字面上解释，城市生物是指所有生活在城市中的植物、动物和微生物（沈清基，2011）。这些生物存活于城市半自然环境和包括建筑物、构筑物内部及硬质表面在内的人工环境中。其中，城市植物包括自然种类和人工栽培种类，城市动物除野生动物外，还包括经过人类驯化的宠物、家养动物以及依靠人类生存的伴人动物。

3. 城市野生动物

野生动物指生活在野外环境中的各类动物，也包括那些来自野外环境，虽经短期驯养却未产生进化变异的动物（裴恩乐，2012）。城市野生动物是生存在城市环境当中却未经过驯养的动物，包含脊椎动物和一些引人注意的无脊椎动物，主要包括城市化前原地区残存的动物、外部迁徙进入城市的动物、迁徙经过并停留的动物，它们没有经过人类的长期驯养培育，不需要人类主动提供食物、饮水和居住条件（马建章，2012）。本书以城市野生动物为主，不考虑宠物、家养动物以及依靠人类施舍生存的流浪猫狗等伴人动物，城市植物作为食物链末端的支撑条件出现。

2.1.2 城市生物的类型

1. 城市植物类型

根据植物对城市的适应能力，可将城市植物分为"喜城市环境种"（Urbanophile Plants）和"城市环境中立种"（Urbanoneutral Plants）两大类（Forman，2013）。前者以建筑群密集地点为最佳生境，一般不存在于城市以外地带或即使存在也只存活于该地带有限的特定生境种类中；后者也将城市环境作为其最佳生境，或倾向于生活在受人类活动强烈影响的环境中即城市或乡镇附近，但在城市以外的地方亦可存在。

维管束植物是城市植物中的优势种，其中又以开花的被子植物为主，主要包括菊科、禾本科、唇形科、石竹科、十字花科、玄参科等，松、杉等木本科植物在城市中也广泛种植，蕨类植物则主要存在于暖湿的热带城市。同时，城市地被层还被大量的苔藓、地衣、真菌所包围。在有污染的城市湖泊水面，绿藻、蓝藻也会大量富集。

2. 城市动物类型

根据对城市的适应能力，可将动物分为"城市开拓者"（Urban Exploiter）、"城市适应者"（Urban Adapter）、"城市逃避者"（Urban Avoider）。"城市开拓者"指在城市环境中适应生存，并占据较多生态位且常见的物种，这些物种与人类有密切联系，大部分依赖于人类生存，群居并能够在建筑中或建筑周边筑巢，如蟑螂、棕鼠、家鼠以及麻雀、欧椋鸟、原鸽等鸟类；"城市适应者"主要依赖于自然资源，但也能够利用人类资源，在郊区生境中常见，但亦可忍受城市环境，如浣熊、郊狼、土拨鼠等小型兽类，以及乌鸦、知更鸟等鸟类；"城市逃避者"指由于对城市化所造成的生境变化高度敏感而在城市环境中首先消亡的物种，如大型哺乳动物和森林筑巢型食虫鸟类等。

随着城市化水平的提高，城市逃避者的丰富度递减，城市适应者的丰富度增加，城市开拓者在开发密度居中的地带丰富度最高。

城市野生动物根据其不同的生态角色和进化差异，一般可以分为六种类型：

（1）肉食性哺乳动物（Mammal Predators）

通常包括顶端肉食性动物和中型肉食性动物。顶端肉食性动物一般分布于保护区及其周边，偶尔会因食物短缺而进入城市郊区。中型肉食性动物可在城区居住和繁殖，并成为城市生态系统的重要组成部分。在欧美国家，顶端肉食性动物包括加拿大以及美国东部和西部城市中的郊狼（Canis latrans），瑞典的猞猁 (Felis lynx)，非洲的豹、鬣狗等。中型食肉动物则包括欧洲、日本、澳大利亚、北美的赤狐（Vulpes vulpes），印度和南美的猴类，德国的野猪（Sus scrofa），欧洲的石貂（Marten foina），俄罗斯、日本、北美和欧洲的浣熊（*Procyon lotor*），以及北美的负鼠（*Didelphis virginiana*）和短尾猫（*Lynx rufus*）等（Forman，2013）。而在中国，由于高密度高强度城镇化等人类活动影响，城市中的中大型哺乳动物早已绝迹，常见的为啮齿目和翼手目的小型动物（李俊生 等，2005）。肉食性哺乳动物在城市地区已经基本绝迹，如上海城郊地区仅有零星发现的貉、猪獾、狗獾、豹猫、刺猬、黄鼬等。

（2）草食性哺乳动物（Mammal Herbivores）

在全球范围内主要包括北美、加勒比地区、欧洲和新西兰的白尾鹿，美国和英国的灰松鼠，以及兔类、大鼠类和小鼠类（Forman，2013）。中国城市较为常见的为褐家鼠、小家鼠、华南兔等，其中的很多在建筑或基础设施中筑巢。

（3）蝙蝠

主要包括灰蝙蝠、红蝙蝠、吸血蝙蝠、无尾蝙蝠等。一般而言，林地越多，蝙蝠越多。上海约有 5 种蝙蝠（Forman，2013）。

（4）鸟类

鸟类是城市生态系统中典型的开拓者。通常包括猛禽（Raptors）、水鸟（Water birds）、鸣禽（Songbirds）三大类（Forman，2013）。在中国，城市居民区的鸟类主要有麻雀、喜鹊、雨燕、金腰燕、家燕等，其中麻雀是城市中鸟类的优势种。城市公园和郊区鸟类较多，如上海市中心最常见的鸟类依次为麻雀、白头鹎、乌鸫和珠颈斑鸠，冬季黄浦江上可见到普通海鸥、白鹭和夜鹭。

（5）爬行动物和两栖动物

主要包括蛙类和蟾蜍类、鲵类、龟类、蛇类、蜥蜴等（Forman，2013）。如上海共有中华蟾蜍、泽蛙、黑斑蛙、金线蛙等 8 种两栖动物以及壁虎、赤练蛇等 21 种爬行动物。

（6）无脊椎动物

城市中的无脊椎动物主要为昆虫和土壤动物。昆虫以鳞翅目的蝶类、蛾类的种类和数量最多；此外，鞘翅目的甲虫类、同翅目的蝉类、半翅目的蝽类昆虫也很常见（Forman，2013）。土壤动物主要包括线蚓类、弹尾类、线虫类、蚯蚓类、双翅类等（杨冬青 等，2003）。

2.1.3 城市生物的营养级类群

自然生态系统中存在由食物链关系所构成的"生态金字塔"，即各个营养级有机体的个体数量、生物量或能量，可按营养级位顺序排列成逐级递减的金字塔形。"生态金字塔"最底层是分解者，其上依次是生产者和消费者，分解者又称为土壤生物，包括蚯蚓、蚂蚁类、细菌、真菌等依赖死亡生物为食物的生物，它们的角色是将生物尸体分解还原为土壤。其上的生产者，是指可以直接吸收太阳能，创造有机物的绿色植物。消费者又可分为一次、二次、三次消费者，一次消费者指直接以食用绿色植物为生的动物（如甲虫、蝴蝶等），而依靠一次消费者为生的称为第二次消费者（如螳螂、青蛙等），猛禽、鹰类、虎类等则是最高层的消费者，即三次消费者（林宪德，2001）。

由于人类在城市生态系统中的主导地位，城市生态系统呈现出人类位于顶端的倒金字塔形。但如果不考虑人类及依附于人类生存而数量、生物量或能量远超自然状态的伴人生物（例如宠物和流浪猫狗等），城市中的野生生物也同样遵循食物链的营养级类群层级分布自然规律。因此，基于食物金字塔关系可将城市野生生物营养级类群分为五个层级，以上海市陆生野生动植物资源（上海市农林局，2004）为例，主要包括：①顶端猎食者：中小型兽类、中型猛禽、蛇类等，主要存在于城市郊区的丘陵、农田和森林生境中；②肉食性动物：食肉/食虫性鸟类、蛙类、蛾类、蝙蝠等；③草食性动物：植食性鸟类以及甲虫、蟋蟀、蚂蚱、蜜蜂、蝶类等昆虫；④主要生产者：进行光合作用的各类绿地植物；⑤主要分解者：细菌、真菌以及蜈蚣、蚯蚓等土壤动物（图2-1）。

在高密度城区中，位于顶端的中小型兽类、中型猛禽和蛇类等无法生存，肉食性动物跃居城区生物的食物金字塔塔顶。

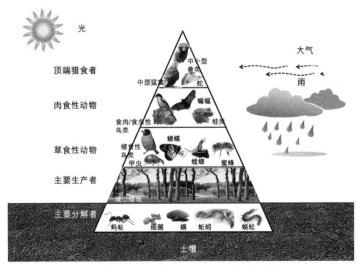

图2-1 基于食物金字塔关系的城市野生生物营养级类群
（图片改绘自 林宪德. 城乡生态 [M]. 台北：詹氏书局，2001：图1.1）

2.2 城市生物多样性的概念、分布规律与测度指标

本节介绍了城市生物多样性的相关概念，基于现有文献解析了城市生物多样性的基本分布规律及其测度指标与方法。

2.2.1 城市生物多样性的相关概念

1. 生物多样性

《生物多样性公约》中对"生物多样性"的定义为"所有来源的形形色色的生物体，这些来源包括陆地、海洋和其他水生生态系统及其所构成的生态综合体"。它包括遗传（基因）多样性、物种多样性、生态系统多样性三个层次（联合国环境与发展大会，1992）。

2. 城市生物多样性

城市生物多样性是在城市范围内各种非人生物体有规律地结合在一起所体现出来的基因、物种和城市生态系统的分异程度（俞青青 等，2006），被视为城市发展的自然本底以及最重要的城市公共资源之一（徐溯源 等，2009）。作为城市生物群落组成结构的重要指标，城市生物多样性不仅可以表征城市群落的组织化水平，而且可以通过结构与功能的关系间接反映群落功能的特征。物种多样性是城市生物多样性的关键，指一定区域内生物种类（包括动物、植物、微生物）的丰富性，即物种水平的生物多样性及其变化，包括一定区域内生物区系的状况（如受威胁状况和特有性等）、形成、演化、分布格局及其维持机制等（王国宏，2002），体现了城市生物之间及环境之间的复杂关系和生物资源的丰富性。**城市生物多样性的核心在于保有城市野生生物的多样性，而城市野生生物的物种与基因在一定环境条件下能够顺畅地交流更替，是保障城市生物多样性与生态系统稳定性的条件。**

2.2.2 城市生物多样性的分布规律

城市化对城市空间格局的重塑被许多学者认为是改变自然环境、引起大多数当地物种快速减少和灭绝的最主要驱动力之一（李俊生 等，2005）。联合国人居署2012年的全球评估报告指出，虽然城市区域占地球表面积的总量不到3%，但其区位和空间

28

形态对生物多样性具有显著的影响（UN-Habitat et al., 2012）。城市空间环境被认为能够决定本土种的分布和比例，导致物种组分和物种丰富度的变化，引发了诸如本地物种多样性降低、外来物种多样性增加、物种同质化等一系列问题（毛齐正 等，2013）。

鸟类、水生动物、植物等生物存在沿城市化梯度呈现一定空间分布规律的特征。如 Kowarik（1995）对城市中外来植物入侵机理的研究、Zerbe 等（2003）对柏林的植物研究、Blair（1996，1997，1999）对美国加利福尼亚帕洛·阿尔托市鸟类和蝶类的研究、郑光美（1984）对北京及其附近地区鸟类分布的研究、Lee 等（2004）对台湾城市鸟类分布格局的研究、晏华 等（2006）对重庆沿城市生境梯度 5 个断面的蝴蝶取样调查、Marzluff（2001）对世界许多城市鸟类多样性分布格局的概述，都揭示了随着人类干扰强度由乡村或城市周边保护地带向城市中心区逐渐增大，城市中许多物种的多样性和生物物种丰富度在宏观城乡空间分布方式上由市郊向城市中心呈明显递减，而外来物种却逐渐增加的变化趋势。

另一些研究则验证了城市化梯度的中度干扰理论，如 Racey（1982）对安大略省中部城市哺乳类的研究、Blair（2011）对美国两个生物区鸟类和蝶类的研究、Denys 等（1998）对德国汉堡地区昆虫的研究、Germaino 等（2001）对美国亚利桑那州图森市蜥蜴的研究，以及 Mackin-Rogalska 等（1988）、Medley 等（1995）、Sharpe 等（1986）分别对华沙、纽约—康涅狄格州西北部、威斯康星州东南部植物的研究，都显示出市郊物种丰富度最高。这是因为市郊位于受人为干扰相对较小的乡村（或城市保护区）与干扰较大的城市建成区之间的交错地带，城市边缘发展的不平衡性和城乡生态环境的镶嵌性塑造了市郊的多样化生态环境，为较多生物提供了不同的生境类型。此外，城市垃圾集中处理设施一般位于市郊，而城市边缘区通常也是种植业较为发达的地带，这些都可为许多鸟类和啮齿类动物提供丰富的食物资源。

2.2.3 城市生物多样性的测度指标与方法

为了检验建成环境对生物多样性的影响，首先需要选择合适的指标度量和评价生物多样性的高低及其空间分布特征，这也是保护和提升生物多样性的基础。

国家和区域层级的生物多样性监测和评价，是城市生物多样性评价的基础。其他国家已经建立的国家级生物多样性监测与评价体系，包括 2008 年德国生物多样性国家战略指标（das Bundesamt für Naturschutz, BfN）、2009 年英国生物多样性指标（Department for Environment Food & Rural Affairs, Defra）、2009 年南非生物多样性评价指标（Department of Environmental Affairs and Tourism, DEAT）等。李果等（2011）提出了中国生物多样性评价指标体系的26个参考指标。在区域和省域层级，万本太等（2007）提出了物种丰富度、生态系统类型多样性、植被垂直层谱的完整性、物种特有性、外来物种入侵度5个生物多样性综合评价指标和综合评价方法，并对除港澳台地区以外的全国31个省级行政单元进行综合评价和分级。王明莉等（2010）通过构建大尺度陆栖脊椎动物物种多样性数据库，在物种水平上，探讨了一个用于区域物种多样性综合评价的E指数。李昊民（2011）基于云南省的生物多样性本底数据，构建了"两库"（评价指标库和生物多样性空间信息库）、"一系统"（动态指标体系应用系统）、"两替代"（生物类替代和生境类替代评价方法）为核心的生物多样性评价指标体系和快速评价方法。

在城市层级，2010年，《生物多样性公约》秘书处与地方生物多样性行动全球伙伴组织以及新加坡政府等共同协作推出了城市生物多样性指数（CBI），该指数从生态用地比例与空间网络格局、城市原生物种的多样性、城市中生物多样性提供的生态系统服务、城市生物多样性的治理和管理四个方面对城市生物多样性进行全面评价（Chan et al.，2014），目前世界上已有包括名古屋、伦敦、蒙特利尔、布鲁塞尔以及巴西的库里提巴在内的28个城市开始使用这个指数。欧盟为了推动CBI指数的实施，还与IUCN、ICLEI以及德国、法国、西班牙、匈牙利、斯洛文尼亚等多国NGO组织联合，在2010年和2011年推出了欧洲生物多样性之都（Capital of Biodiversity）评选（Deutsche Umwelthilfe E.V. et al.，2011）。

在中国，住建部颁布的《国家生态园林城市标准》中以"综合物种指数"和"本地木本植物指数"作为生物多样性的定量评价指标，并提出申报城市必须"已完成不小于城市市域范围的生物物种资源普查"与"已制定《城市生物多样性保护规划》和实施措施"的定性要求。原国家环保部2011年颁布的《区域生物多样性评价标准》（HJ 623—2011）则是针对县级以上行政区域的生物多样性进行综合评价，提出了野生维管束植物丰富度、野生动物丰富度、生态系统类型多样性、物种特有性、受胁迫物种的丰富度、外来物种入侵度6大评价指标，以及各指标的参考最大值、生物多样性指数的计算方法与生物多样性状况分级标准。

在生境尺度，物种丰富度是城市生境生物多样性的标志性测度指标，物种的多样性测度或异质性测度是生物多样性最传统的量化方式（尚占环 等，2002），通常利用实地生物普查得到的各类物种名录进行计算。为了便于从空间规划的视角来理解量化指标，参考唐仕敏等（2003）、金杏宝等（2005）、陆祎玮等（2007）的研究，以时空属性为视角，可将测度城市生物多样性的常用监测指标归纳为非空间属性指标、空间属性指标和时间属性指标。其中，非空间属性指标包括：物种个体数量（Individual Number）、物种丰富度（Richness of Species）、多样性指数（Diversity）、均匀度指数（Evenness）、优势度指数（Superiority）等；空间属性指标包括：栖息地面积、种群密度指数（Density）、生物量（Biomass）、惊飞距离（鸟类专用）（Flush Distance）；时间属性指标则为遇见率（Encounter Rate）（具体指标释义详见附录1）。

为了加快测度和评价速度，一些研究也会采用生物多样性替代指标（Biodiversity Surrogates）的方式，但替代指标的有效性和评价精度尚有待基于大量基础数据的实证验证（李昊民 等，2011）。

城乡梯度分析法是城市生物多样性研究的常用方法，即在城镇化不同程度的地理横断面上，通过调查不同断面样点的生物多样性指标，与研究断面的空间梯度进行耦合分析，由此得出沿某一个特征梯度方向的变化规律。环境主因子分析法是另一种常用方法，即基于调研所获取和计算的生物多样性绩效测度指标与建成环境变量，采用统计分析方法，通过显著性检验，提取影响生物多样性绩效的城市建成环境关键影响因子。另外，近年来也开始出现基于遥感卫星数据和地理信息系统 GIS 的空间计算和分析方法。Davis（1994）、赵海军等（2004）先后开发了利用 GIS 技术计算和表达生物多样性测度的软件。在土地使用指数、城市形态指数、绿化覆盖率、景观生态指数、植被指数等指标的测度和提取中也大量使用 GIS 的分析计算工具。

2.3 城市生物栖息环境的概念辨析与多重叠合生境

本节梳理了城市生物栖息环境的相关概念，探讨了城市生物生存的基本需求及其空间生态位，因而提出了"多重叠合生境"的概念、类型、功能与供给潜力。

2.3.1 城市生物栖息环境的相关概念

从字面意义上看，城市生物栖息环境即城市中保证一个或多个种群野生动物迁移、觅食、求偶、基因交流的环境。城市野生生物及其栖息环境是城市生态与生物多样性的重要组成部分，被誉为城市的"免疫系统"（贾治邦，2010）。在生态学中，与生物有关的空间环境概念主要包括栖息地/生境（Habitat）、生物小区（Biotope）以及生态位（Niche）。这三个概念各有侧重，又相互关联，具体释义如下：

1. 栖息地 / 生境（Habitat）

栖息地，又称生境，作为一个生态术语，专门指生物的个体或种群生存繁衍的空间区域，以及该空间区域所包含的环境条件，各种资源和生物与生物之间、生物与非生物环境之间错综复杂的关系（Whittaker et al.，1973），它包括生物生活的空间和其中全部生态因子的总和（《中国大百科全书》总编委会，1993）。栖息地（生境）的概念可大可小，既可以概括地指某一类群的生物经常活动的区域类型，而并不注重区域的具体地理位置；也可以用于特指，具体指某一个体、种群或群落觅食、躲藏和繁殖的生活场所，强调现实生态环境。一般描述植物的生境常着眼于环境的非生物因子（如气候、土壤条件等），描述动物的生境则多侧重于植被类型。生境并非一成不变，有些动物在正常情况下可以有多种生境。当自然条件变化时，某一生境的生物可以占领新的生境，也可能被迫迁居到新的生活场所。

2. 生物小区（Biotope）

由德文词"Biotop"而来，指为特定的动植物集合提供场所的特定环境，是一个生态系统内可划分的空间单位，其中的非生物因素铸造了这一生活环境。生物小区也是景观生态学的最小空间单位。在一个地方上出现的、适应其非生物环境的生物群落是划分生物小区的依据。在应用中有时作为生境（Habitat）的同义词，区别在于"Habitat"关注一个物种或种群（A Species or A Population），而"Biotope"属于群落生态学（Synecology）的范畴，更关注生物群落（A Biological Community）（Udvardy，1959），也译为"群落生境"和"生物托邦"。

3. 生态位（Niche）

生态位表示生态系统中每种生物所必需的生境最小阈值，强调一个种群在生态系统中，在时间、空间上所占据的位置及其与相关种群之间的功能关系与作用，其本质在于时空资源（尚玉昌，1988）。在自然环境中，每个特定位置都有不同种类的生物，其活动以及与其他生物的关系取决于它的特殊结构、生理和行为，这种侧重从生物空间分布的角度解释的生态位概念，被称为"空间生态位"（Spatial Niche）。也有生态学家认为，物种的生态位是指它在生物环境中的地位，即它与食物和天敌的关系，包括该物种觅食的地点、食物的种类和大小，还有其每日和季节性的生物节律。这种强调物种在群落营养关系中的角色的生态位概念，被称为"功能生态位"。关于生态位与生境的区别，Odum（1983）曾将生境比喻为是生物的"地址"，而将生态位比喻为生物的"职业"（李雪梅 等，2007）。

4. 本书中"栖息地／生境""生物小区""生态位概念"的应用界定

笔者认为上述三个概念之间并非单纯的包含关系，而是既有重叠又有交错。生态位侧重于物种生存的空间或非空间需求，栖息地／生境强调生物利用的空间实体的客观存在，而生物小区作为可划分的空间单元，具有一定的设计干预属性。

为了避免概念混淆，在本书中，涉及对生物空间功能需求的讨论时，采用"生态位"概念；而在讨论生物栖息环境的客观存在时，采用"栖息地／生境"的概念；涉及支撑生物多样性的空间分区时，采用"生物小区"的概念。

此外，由于"栖息地"在中文语境中有"住所"之意，并且在野生动物管理中常被主管部门用于作为自然保护区之外的生物保育地的命名，甚至有时与自然保护区混用。而根据 Habitat 概念的本义，实际上是包含了生物栖居的所有空间。为了进一步区分，本书中的"栖息地"特指具有一定规模、一定保护价值和稳定聚居生物种群的特定区域。而以"生境"泛指生物出于觅食、躲藏、繁殖、迁徙等各种生理需求所利用的各类城市空间环境。其中"微生境"（Microhabitat）则特指承载生物活动的特定微型生境，例如一片草丛、一棵树下、建筑立面上的阳台甚至石缝之间的空隙等。

2.3.2 城市生物的基本需求与生态位

1. 城市生物生存的基本需求

适合野生动物生存的生境条件与它们的食性、营巢特点、繁殖特点以及领域行为和天敌等有关。根据自然法则，所有野生动物基本需求包括食物（Food）、水（Water）和庇护（Shelter or Cover）（Johnston et al.，1993）。野生动物必须依靠足够的食物以获得合理的营养用于生长和保持健康的体魄；水的作用在于消化、降低体温和清除代谢废物；庇护的作用在于为动物提供保护并提升其生存或繁殖能力，庇护所躲避的对象主要是天气和天敌，包括对筑巢、休息、逃生、育雏、漫游以及抗热和抗寒需求的庇护（Yarrow，2009）。

2. 城市生物的基本功能生态位

城市发展破坏自然栖息地，同时也创造了新的、空闲的生态位覆盖其快速增长的地区。这些不断扩大的"生态真空"可以吸引众多的动物种群。某些动物突破了城市化带来的生态屏障，并成功地适应了新的生态位所提供的特定条件。在城市环境中，食物、水和庇护三项基本需求都可以找到各自对应的生态位。

（1）觅食生态位

在城市环境中，食物可能来自不同的来源，很多果树和灌木的花蕊、果实和种子是野生动物一年四季的食源。产坚果的树木为松鼠和各种鸟类供应食物。居民的后花园常常成为许多野生物种的"餐桌"。如在欧美国家，兔子常常在住宅庭院和花园中觅食，从而导致大多数城市和城镇的兔群数量显著增加。

对于肉食性动物而言，城市里大量繁殖的昆虫是它们的口粮。例如，蝙蝠是贪婪的蚊虫消费者，每晚能吃 3 000 只蚊子。成百种城市鸟类以昆虫为食。蚱蜢、蟋蟀、毛毛虫是鸟类和小型哺乳动物最喜爱的食物来源。河道、湖泊中的鱼虾，是涉禽和游禽等水鸟的食物。

城市中亦有大量杂食性动物，其中有些甚至以城市生境中的特殊食源——人类垃圾为食。例如，鸽子往往以垃圾或人类提供的其他原料为食。乌鸦是杂食性动物，可以吃几乎所有的东西，很容易适应当地的条件。杂草种子也是多种野生动物的食物，被认为是农田野生动物的主食。

野生动物的自然食物资源还包括在食物链金字塔上位阶较低的其他野生动物物种。鹰类、鸮类等猛禽是城市环境中非常成功的猎食者，并帮助控制其猎物的数量水平。蛇也是肉食性动物，吃各类小型啮齿动物和鸟类。

（2）饮水生态位

对于城市野生动物而言，城市环境中有很多可用的饮水水源。河流、湖泊、湿地提供了天然水源，人工湖、喷泉、池塘等人工水体以及水坑、池塘和沟渠也提供了便捷的水源，但由于通航和某些人类休闲活动等也可能会阻隔野生动物的饮用需求。除了这些直接来源，许多物种通过消耗食物中的高水分含量，如水果和浆果，或者通过吃肉获得足够的水。水的第三个来源是植物和草坪上的晨露或雨后的水滴。一般而言，水在城市环境中不是限制野生动物生存的主要因素。人工水体在城市环境中非常普遍，对于野生动物的生存发挥了重要作用。

（3）庇护生态位

野生动物可以在城市环境中找到很多不同的安全庇护场所，并在这些庇护场所筑巢、觅食、休憩和饲养幼崽，保护自身远离天敌和环境的侵害。郁闭度较高的乔木，可以让野生动物安全地与人类和天敌的干扰隔离。树龄长的大树通常是很多物种的家园，其内腔可以成为良好的巢穴之地。有在空腔筑巢习性的鸟类也可以在其他任何具有封闭结构的场地中被发现，例如在建筑物上的孔洞中筑巢。燕子等其他鸟类，也会在建筑物的侧边和屋檐下筑巢。

浣熊和负鼠等小型兽类会寻找能够对人类隐藏自己日常活动的庇护所。由于浣熊和负鼠在夜间活动，它们的巢穴在白天很难被找到。

3. 城市生物基本空间生态位及其趋近需求

野生动物需要一定面积的空间范围用于休息、移动、躲避潜在天敌、寻找伴侣、获得生存所需的食物和水，这一空间范围也被称为"家域"（Home Range）。一个地区内某一物种的家域空间规模取决于食物、水和庇护所的数量和质量，也取决于动物的体型、饮食偏好以及与其他物种分享生态位的习性。

在城市地区，空间是最具挑战性的生态位需求。由于城市以人类活动为主，动物生存的空间有限。物种"生满为患"可能会导致对可用资源（食物、水、庇护）的竞争。出于这个原因，仅有特定数目的动物可以在一个区域内有效生存，这种限制通常被称为该区域的"承载能力"。

根据功能生态位所对应的空间位置属性，将觅食和饮水所需空间归为食性空间生态位，而将庇护功能生态位中的筑巢、繁殖、育雏需求所需的空间归为巢居空间生态位，休息、漫游所需空间归为休憩生态位，逃生和抵抗天气冷热的需求在生物利用的各种空间中都存在。从空间获取的难易程度而言，巢居空间最难获取，其次是食性空间，休憩空间由于是暂时性的停留空间，最为容易获取（表2-1）。

表2-1 城市生物基本空间生态位

空间生态位	对应的功能生态位	空间获取难易度
巢居空间生态位	筑巢庇护、繁殖庇护、育雏庇护	最难
食性空间生态位	觅食、饮水	较难
休憩空间生态位	休憩庇护、游荡庇护	最易

根据家域理论，生物日常的觅食、饮水、休憩、游荡、求偶、育雏等功能需求的空间配置必须形成合适且趋近的秩序，即巢居空间生态位、食性空间生态位、休憩空间生态位资源必须位于一定的空间范围内，能使动物在一天内安全地来回于这三类空间生态位之间，笔者将其命名为"巢居、食性和休憩空间生态位的趋近需求"（图2-2）。

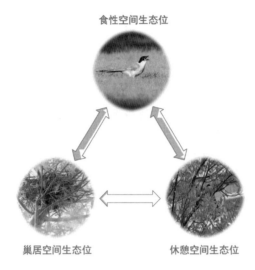

食性空间生态位

巢居空间生态位　　　　　　　休憩空间生态位

图 2-2　城市生物基本空间生态位的趋近需求 [1]

2.3.3 城市多重叠合生境的概念、类型与功能

城市虽以人类活动为主，但并不绝对与自然对立，已有大量研究证明了自然及其中的多元生命形式在城市中的存在和演进。人类活动与自然叠加可形成无限的局部，即所谓的"多重自然"（李迪华，2016）。Kowarik（1992）基于城市植物区系和动物区系的特质，将城市自然分为四种"自然类型"，即人类生态足迹影响可以忽略的原生自然（城市森林和湿地）、乡村农业自然、城市园艺自然和城市产业区特殊自然（Breuste et al.，2016）。城市生境不仅仅是由自发生长的城市动植物所形成的第一、第二类自然生态系统，也包含第三类和第四类受人工改造影响的自然。

城市绿地系统和开放空间系统对人类福祉和野生生物具有同样重要的价值（Pickett et al.，2001）。生物是城市的"原住民"，城市生物生存和繁衍的基本需求及其生态位都可以在城市中找到相对应的空间，这些空间不仅存在于单一的残存原生自然，也存在于受到人类不同程度干扰的其他叠合自然。

鉴于此，笔者将城乡空间视为人类与自然多重叠加的资源，以"全域叠合"的视角审视城市生物的潜在生境，提出"多重生境"的概念，"多重"代表了城市建成环境中生物空间和人居空间在不同尺度以不同形式的多元重合，意味着生物生境不仅局限于保护区和重要栖息地等原生自然地带，也可以融合在城乡空间环境的不同用地之

---

1. 本书图片多为笔者自摄 / 自制，非自摄 / 自制图片均在相应处标注了出处，后同。

中。"多重生境"将城市生物视作与人一样的城市空间"共享者"而非仅仅是"被掠夺者"，将全覆盖的城市空间（甚至三维空间）都视为生物可以利用并满足其栖居、迁移、繁衍不同需求的潜在基质，以不同规模、尺度和功能共同构筑城市生物生境网络。

城市中的多重生境，无论是有植被的地表还是硬质的地面，抑或垂直的建筑墙体与离地的屋顶界面，都能为生物提供食物和水的营养，躲避天气和天敌，吸引伴侣并繁衍后代。国外的多项研究提出了适用于不同尺度不同城市性状的生境类型，如Gilbert（1991）将英国的生境按照土地使用分为城市公用地、工业区、铁轨、道路、城市中心区、城市公园、份地休闲花园、墓地、花园、河道—运河—池塘—湖泊—水库和水管道、树林；Godde 等（1995）将德国杜塞尔多夫市的生境分为公园地、弃地、河岸、水塘边缘等 32 种；Köstler 等（2003）基于自然条件以及土地利用特点，将柏林的生境类型分为流动水体、静止水体、人工和野化草地、沼泽、草地、灌丛、灌丛与列植树和树组、森林和林地、耕地、绿地和开放空间、特殊生境、建成区与交通设施和特殊区共 12 大类及其下设的 91 小类；新加坡国家公园绿色与生态城市研究中心（CUGE）将新加坡的关键景观生境分为森林、内河、沼泽、海岸带、草地和城市特殊生境（Tertilt，2010）；英国全国生态系统评价（UK-NEA）将全英国境内的城市生境分为自然与半自然绿地、行道树、公共公园、家庭花园、绿色廊道、室外运动场地和休闲地带、休闲绿地、份地花园、社区花园和都市农场、墓地、教堂庭院和埋葬场地、棕地、水体等（Bateman et al.，2011）；Müller 等（2012）认为，人居环境中的生境包括残存植被（如本土植物群落的残存栖息地），农业景观（如草地、耕地等），城市—工业景观（如废弃地和空地、居住用地、工业园区、铁路用地、棕地等），观赏性花园和景观（如正式的公园和花园、小型花园和绿地）；Douglas 等（2014）按照生境来源，将生境空间分为封装乡村地带（Encapsulated Countryside）、人工绿地（Managed Greenspace）、自然更新生境（Naturally Regenerating Habitats）和城市湿地（Urban Wetland）。

由于本书主要讨论城市建成环境与生物多样性的关系，因此在城市多重生境分类中首先需要考虑其所在城市土地的使用性质。《城市用地分类与规划建设用地标准》（GB 50137 — 2011）将城乡用地分为建设用地和非建设用地，《上海市控制性详细规划技术准则》（2016 年修订版）将上海市城乡规划用地分为城乡建设用地、农用地、水域和未利用土地。因此在分类中有必要区分建设用地和非建设用地的属性。

此外，城市多重叠合生境在演化过程中受到人类建设不同程度的干扰，因而呈现出不同的介质特征，因此在分类中还需要考虑人工环境对原生自然环境的干扰程度，即人工—自然的叠合程度。

    基于上述分类依据，本书提出将全域城市用地中的多重生物生境分为近自然农林与水域生境、人工废弃—自然演替生境、半自然公园绿地生境、半人工休闲绿化生境和人工硬质界面生境（图2-3）。

图2-3 人工—自然叠合的多重生境类型

1. 近自然农林与水域生境

    指在长期的城市建设过程中，残留于城市建成区及边缘带、高度破碎化的野生动植物栖息地以及那些在受干扰少的人工基底上发展起来的生境，这些生境经过长期演化逐渐适应了本地自然及人工条件，并与其所处的城市环境形成良好的共生关系。一般包含非建设用地中的林地、耕地、园地、草地等农林生境，以及城市河流、小溪、湿地、沼泽地、池塘、运河、河漫滩、海岸带等水域和近水域生境，通常是区域生物多样性最高的地区，并具有较强小气候调节、水量调节、休闲、美学等生态服务功能（图2-4）。

图2-4 近自然农林与水域生境（左：上海东滩湿地公园，摄影：郭光普；右：上海青西郊野公园水上森林）

2. 半自然公园绿地生境

    包含公园、街头绿地等公共绿地以及生产防护绿地和郊野公园、野生动植物园、植物园等其他绿地，是城区生物栖息空间的主体（图2-5）。

图 2-5 半自然公园绿地生境（左：上海陆家嘴中央绿地，摄影：郭光普；右：上海世纪大道街头绿地）

3. 半人工休闲绿化生境

生活工作用地包含居住用地、商业服务用地、商务办公用地、文化用地、医疗卫生用地、体育用地、教育科研设计用地等，其中的各种休闲绿地、社区花园、居民私人庭院、都市农业场地、观赏性草坪、室外体育场地等，是城市居民最容易接触和感知的生物生境（图 2-6）。

图 2-6 半人工休闲绿化生境（左：上海国金中心绿地；右：上海华丽家园住宅区绿地）

4. 人工硬质界面生境

城市的特殊性在于拥有大量的建筑、公路和人工化地带，并因此抢占了自然生境的空间，但所有这些类型的人工建筑物和构筑物都包含异质的微生境，在其结构之中、之上和之间也为有机生物体提供了新的生存界面和基质。大桥、塔楼、建筑、电线、桥梁、铁轨，甚至任何干燥并经受极端昼夜温差变化的建筑墙体和屋顶表面，都可以包含人工种植或自然适生植被及与其相关的无脊椎动物的生态位。石墙和砖墙中丰富的石灰砂浆层为植物提供了立足点，包括旱生植物、原生岩生植物以及一年生植物、蕨类植物，都可以容忍这些基质的高钙水平。在这些植物之间，很多昆虫、蜘蛛、原生动物和节肢动物等无脊椎动物得以生存。在另一个垂直空间高度，鸟类很容易被高层建筑的类悬崖特征所吸引；亦有大量鸟类和小型兽类利用人类建筑筑巢。而人工种植的屋顶绿化、阳台盆栽绿化、垂直绿化等，也为城市生物提供了三维空间的离地生境。人工硬质界面生境尽管无法取代原生自然生境，但可以有助于补充并创建鸟类、蝙蝠类、无脊椎动物和多种植被的新生境。人工表面的质量和类型在定义一个场所的生物多样性中同样具有重要作用。高比例的硬质表面，例如混凝土、沥青对于动植物生存无法提供任何潜力，同时也会造成大量的雨水径流，从而导致内涝。而以透水性沙砾为材料的地表、木制格栅的铺地或者植草的蜂窝状墙体，则可以为小型植物和无脊椎动物带来巨大的潜在生存空间（图2-7）。

图2-7 人工硬质界面生境（左：南京古城墙上的植物；右：上海虹桥商务区立体绿化）

5. 人工废弃—自然演替生境

随着社会变迁、转型的不断加快，特别在工业化、城市化和现代化的快速发展时期，城市功能更新所带来的废弃地（棕地）数量迅速增加，主要包括工业废弃地、交通废弃地、矿业废弃地。由于缺少人类监管和干扰，废弃地的植被自发生长和自然演替后极易吸引野生动物，往往比一般城市绿地拥有更多的物种，甚至为稀有的动植物物种提供生存空间，一些沦为垃圾堆埋场的废弃地成为野生杂食性动物的热点地区，也有一些靠近河道的低洼空地形成了自然湿地，成为野生鸟类的家园。空地和废弃的工业用地为土壤提供了非常规的物理性状变化，反而能强化特定的植被群落。在国外，墓地也常常是支持多种物种自然演替的热点（图2-8）。

图2-8 人工废弃—自然演替生境（左：德国德骚市某废弃工厂；右：上海科技馆小湿地，摄影：郭光普）

2.3.4 各类型生境的斑块功能与供给潜力

根据景观生态学的原理，斑块是生态系统中为某种生物种群提供的最基本适宜生境，借用保护生物学的概念，斑块的生态学意义包括"源""汇""踏脚石"等。"源"指的是在某一大型资源斑块（种群）上栖息、繁殖的物种，种群密度和数量较大，呈现出生物流向外扩散的特征，称为复合种群的"源"，可以源源不断地为周边的小型局地种群提供物种来源；"汇"指分布在大型资源斑块周边的局部大型种群资源斑块，当具有适宜的生境，景观中的生物流就能向该处汇聚，但该斑块上的物种生存主要依靠来自大型资源斑块上的物种补充和再植入（陈利顶 等，2016)；"踏脚石"（Stepping Stone）则是一些帮助动物个体向较远的地方扩散并同时方便个体在各生境斑块之间运动的中转小斑块（傅伯杰 等，2011）。

以上五类生境中，近自然农林与水域生境和半自然公园绿地生境作为规模最大和人工干扰程度最低的生境类型，可以成为城市中的"源"生境，为大部分城市野生动物提供巢居空间、食性空间和休憩空间；半人工休闲绿化生境根据生境斑块的规模和质量，可以成为"汇"或不同尺度的中转"踏脚石"，主要提供休憩空间和部分食性空间，一般很难提供巢居空间；人工硬质界面具有成为"踏脚石"生境的潜力，可以提供休憩空间，偶尔提供食性和巢居空间；人工废弃—自然演替生境可以提供丰富的食性空间和一定的休憩空间，但是否能提供巢居空间取决于自然演替后的生境质量，具有成为城市中特殊"汇"甚至"源"生境的潜力。五类生境的规划设计也对应不同的规划控制层级，具体如表2-2所示。

表 2-2 城市多重生物生境类型及其功能和供给潜力

生境类型	人工—自然叠合程度	所涉及的主要用地属性	生境规模	主要生境斑块功能	主要空间生态位供给潜力	规划控制层级
近自然农林与水域生境	最低	农用地（N）、水域与其他未利用土地（E）	大	主要"源"	巢居、食性、休憩	总体规划
半自然公园绿地生境	较低	绿地（G）	较大	次要"源"	巢居、食性、休憩	总体规划、控制性详细规划
半人工休闲绿化生境	较高	居住用地（R）、公共设施用地（C）等	较小	"汇" / "踏脚石"	休憩、食性、巢居	控制性详细规划、修建性详细规划、城市设计
人工硬质界面生境	高	道路广场用地（S）等	小	"踏脚石"	休憩	修建性详细规划、城市设计
人工废弃—自然演替生境	低	工业用地（M）、城市发展备建用地（X）、环境卫生设施用地（U3）	可大可小	潜在	食性、休憩	控制性详细规划

注: 因本书第4章、第5章的实证研究以上海作为案例,因此上表中的主要用地属性以《上海市控制性详细规划技术准则》(2016年修订版)中的城乡用地分类为准。

2.4 本章小结

本章探讨了城市生物、生物多样性与生物栖息环境的基本理论。首先介绍了城市生物的概念与类型,并根据生态金字塔理论,将城市生物营养级类群从上到下分为顶端猎食者、肉食性动物、草食性动物、主要生产者、主要分解者五个层级,并指出肉食性动物在高密度城区中位于城市食物链顶端。

城市生物多样性是城市发展的自然本底以及最重要的城市公共资源之一。将保有城市野生生物的多样性作为其核心,也是保障城市生态系统稳定性的条件之一。城市中的动植物存在沿城市化梯度呈现一定空间分布规律的特征。城乡梯度分析法和环境主因子分析法是城市生物多样性研究的常用方法。

　　城市生物栖息环境是城市中保证一个或多个种群野生动物迁移、觅食、求偶、基因交流的环境。觅食、饮水和庇护是城市生物的基本功能生态位，根据功能生态位所对应的空间位置属性和空间获取难易程度，城市生物的基本空间生态位主要包括巢居空间生态位、食性空间生态位和休憩空间生态位，而这三类空间资源之间的趋近较有利于生物的生存和繁殖。

　　本章末从人与自然叠合视角，提出了"多重生境"的概念，并基于城市土地的使用性质及人与自然的叠合程度初步探讨了城市全域多重生境五大类型及其功能与供给潜力，延伸了现有以局部自然地为主的城市生物生境范畴。当前的研究较多涉及近自然生境和半自然公园绿地生境类型，未来应进一步将研究重点向城市居民最容易感知的半人工休闲绿化生境、人工硬质界面生境以及人工废弃—自然演替生境拓展，以便在城市规划建设中形成多样化、全覆盖的生境保护网络，为提升城市生物多样性奠定更有利的空间环境基底。

3

城市生物多样性与建成环境
的关联影响理论

3.1 城市生物多样性的建成环境影响表征

建成环境（Built Enviroment）通常指为人类活动而设置的物质空间环境，尺度涵盖建筑、公园绿地、街区甚至城市，也包括供水和能源网络等配套基础设施。建成环境是一种人类活动的物质、空间和文化的产物，其规模大小、空间形态等实体特征可以被人和其他生命体所感知。从狭义上讲，城市建成环境仅包括人居环境，但如果将生物同样视为城市空间环境的使用者，那么广义的城市建成环境也应当包括城市生物栖息环境。本书从城市规划设计学科角度出发，更多关注对生物多样性产生较大影响且在城市规划过程中便于调控的土地资源使用、空间开发以及环境营造等要素，研究这些要素与生物多样性的关系将有利于在规划设计中采取相应的应对策略。书中涉及两个尺度的建成环境，即宏观和中微观尺度。宏观尺度指范围较大的市域或区县；中微观尺度指范围较小、内部的空间形态以及人口、社会、经济等社会属性较为均质的空间环境。本书主要研究的是高密度城市中心区的居住区以及商业区、商务办公区等，以地块作为统计单元，也涉及更小的微观尺度的具体微生境和街头绿地。

城市建成环境主要由建筑、道路、污染物、噪声、车辆和人流构成。无序蔓延的城市开发造成许多野生动植物栖息地日趋萎缩，直接威胁种群繁衍；而工业污染和生活垃圾的无序排放，改变了生物物种的生理特征及栖息环境，导致许多物种灭绝或种群数量大大减少。

城市建成环境对城市生物多样性的影响，主要体现在城市动植物特有的生理和群落适应性特征上。城市植物的生理特征包括：覆盖率低、演替缓慢、花期相对较长、抗污染能力较强。群落特征包括：广布种、常见种和归化植物比例较高、草本植物种类多于木本种类、杂草和伴人植物占较大比重、通常以开花的被子植物为优势种等（沈清基，2011；Forman，2013；Douglas et al.，2014）。

与受人工种植干预较多的植物相比，城市动物尤其是野生动物普遍具有一种"同步城市化"（Synurbization）的进化特征，即城市中的非家养动物逐步适应人造环境，甚至其生存密度在城市环境中比在原生自然条件下更高，更加如鱼得水（Luniak, 2004；Francis et al., 2012），这在鸟类与小型啮齿类动物中尤为明显（Łopucki et al., 2013；Tomiałojc, 2017）。与自然状态下的同类相比，城市动物的生理特征包括：体型较小，便于经常性地移动；杂食性动物比例较高，饮食可以随时切换，部分动物趋向于食用人类提供的食物资源，如垃圾残渣等；能够在人工结构中建造巢穴和栖息，有相对较长的繁殖期，较早的成熟期，较高的繁殖率和存活率；能够适应高密度环境，有适应于类似原生环境中岩石峡壁的高耸建筑群的行为模式；习惯甚至喜欢人类活动的干扰，或在行为上适应人类，对于非生物条件的巨大变化有生理上的忍受力，如对于鸟类而言，惊飞距离更短；昼夜活动时间长，活动范围较小，迁徙行为减少等。群落特征则为：以泛化种（Generalist Species）主导，一种或几种物种成为城市主要物种；特化种（Specialist Species）较少，利用触手可及的食物、庇护所以及水资源；广布种比例较高（Forman，2013）。

"同步城市化"对城市野生动物的空间选择行为模式也产生了一定的影响，以城市鸟类的筑巢行为为例，王彦平等（2003）、Mikula 等（2014）多人的研究，对于城市中鸟巢的密度与高度，到中心区的距离，到步行道、建筑的距离，到水源和林地的距离，树冠盖度，树种数等进行了分析和比较，发现城市中的鸟巢分布存在一定程度的种间差异，反映了鸟类的城市空间选择适应策略。

3.2 城市生物多样性的建成环境影响要素——基于"基层质量—干扰压力"的双视角

地球上的生物，都必须依靠太阳、空气、水和土壤四项环境因子来存活，这四大因子是地球生态系统的根本。其中太阳、空气受人类活动影响较小，主要受生物地理区系的影响；而水与土壤两个因子则深受人类开发活动的威胁，城市建设对水和土壤环境的破坏尤为严重。大多数学者认为，在区域尺度，气候是影响生物群落的主要因素；在城市尺度，土地利用、景观格局对生物多样性分布格局起到决定性作用；而在中微观尺度，生境特征、植被结构、土地开发和管理强度、土壤等微环境因素可能是决定物种分布的关键因素（毛齐正 等，2013）。因此，探讨城市建成环境对多重生境生物多样性的空间影响因素，主要考虑的是城市建成环境对自然水体和土地资源及其结构和环境质量的改变机制。基于多重叠合生境理念，笔者将城市建成环境对生物多样性的影响要素，总结自然在人工环境中的叠合基层质量以及人工干扰对自然环境的叠合压力两个维度，前者即直接承载生物本体的基层承载要素，主要包含城市建成环境对土地资源及其结构和环境质量的改变机制要素，后者则是人工环境对自然基质、格局以及生物活动的间接干扰要素（图3–1）。

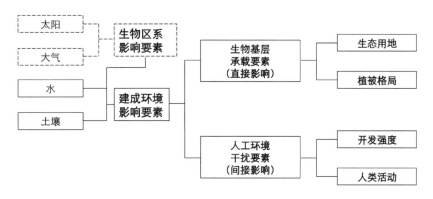

图 3-1 城市生物多样性的建成环境影响要素

3.2.1 自然—人工叠合基层质量视角：生物基层承载要素

生物基层承载要素主要包括承载植物的生态用地基层和承载动物的植物基层。

1. 生态用地（植物基层承载要素）

生态用地指除建设性用地以外，以提供环境调节和生物保育等生态服务功能为主要用途、对维持区域生态平衡和持续发展具有重要作用的土地使用类型，一般包括绿地、林地、湿地、耕地、水域等。城市土地使用功能和结构的变化，造成生态用地的规模缩减、布局形态改变以及随之带来的自然景观破碎化，是导致物种结构和物种丰富度变化的主要原因（颜文涛 等，2012）。

根据保护生态学的"物种—面积关系"理论，在一定地域内物种数量与面积之间存在一定的函数关系：通常而言，当生境面积越大时，物种的数量也倾向较多，越能维持健全的动植物群落。城市土地利用变化直接导致自然生态空间规模的大幅度缩减，尤其是森林规模和森林覆盖率的降低，使得破碎化的栖息地无法满足野生动物种群的最小生存面积。以鸟类为例，日本的研究表明，必须有 1 hm² 以上植生良好的绿地才有密林性鸟类出现，10 hm² 以上植生良好的绿地才会有较多的森林类鸟类栖息（林宪德，2001）。如 Kathryn（1995）认为局部地区的森林覆盖率、森林用地宽度对栖息地破碎化、鸟类繁殖与生存能力、植被变化与外来入侵植物等方面有重要影响。Alberti 等（2007）在美国普吉特湾的研究揭示：相较于布局模式，森林规模与鸟类多样性的相关性显著度更高。由此可见，森林等生态用地的规模效应有利于满足动植物群落生存繁衍的基本面积要求，从而形成更为稳定的种群。

生态用地空间形态结构特征的改变，通过生境斑块区位、密度、形状、异质性和连通性等改变了城市地区的生物物理过程。根据岛屿生态学理论，城市生境斑块的边缘一般意味着人类活动的干扰界面，边缘的界限越长，越容易受到外来冲击，因此形状完整的生境空间较有益于生物多样性。生境之间的距离越接近，越方便物种在各种生态位之间移动与交流，对植物群落的多样化也越有利，因此生境之间不能间隔太远。在城市中，由于建筑、道路等人工设施的存在，生境之间即便在几何空间上趋近，也可能由于实际空间上的阻隔而无法进行物质能量交换。因此众多生境间需要有足够宽度和一定数目的廊道连接，以促进物种的网状移动与基因交流。Tratalos 等（2007）对英国 15 个城市的研究，验证了绿地覆盖率、花园覆盖率、树木在花园和绿地中的覆盖率、绿地斑块平均面积、花园和绿地斑块平均面积、非封闭用地斑块平均面积、花园和绿地中树木斑块平均面积等空间形态指标，与生物多样性潜力和生态系统服务功能指数之间的关系。Reis 等（2012）采用 20 个和植被、土地覆盖、土地使用类型相关的变量检验与 8 个街区的鸟类物种丰富度的相关性，结论显示，具有最大正相关性的变量是地块中的居住用地比例、原生树木密度、未铺砌路面比例，而商业地块密度、外来树木密度以及地块建成面积比例具有最大的负相关性。谢世林等（2016）以北京城区 29 个公园为对象，研究了公园面积、景观破碎度、林地和人工表面比例、林地最大斑块指数、景观聚集度指数、景观多样性及均匀度指数等公园景观格局特征对夏季鸟类群落的影响，结论发现平均斑块面积小、公园景观多样性和均匀度指数对鸟类物种丰富度有明显的不利影响。

2. 植被格局（动物基层承载要素）

城市植被可为野生动物提供直接的食物和庇护所：很多果树和灌木的花蕊、果实和种子是野生动物一年四季的食源。郁闭度较高的乔木，可以将野生动物与人类干扰安全隔离。树龄长的高大乔木通常是很多物种的家园，其内腔可以成为良好的巢穴之地。水果和浆果中的水分以及植物和草坪上的晨露或雨后的水滴，也能成为野生动物的间接水源。城市植被及其覆盖面积和比例、生物量的改变，以及不同的种类结构与配置方式，会对野生动物觅食、筑巢、栖息等行为的空间生态位产生效应，继而影响物种数量和分布。

植被覆盖率降低是引起城市生物多样性减少的主要原因，对于一个地区的动物来说，其物种丰富度与植被覆盖率呈明显的正相关。Lee 等（2004）对台湾主要城市鸟类的研究表明，鸟类丰富度和植被覆盖指数（NDVI）呈明显的正相关。Parker 等（2012）通过对巴尔的摩 6 个公园灰松鼠的研究，证明了公园面积、植被盖度和树阵数量是影响灰松鼠密度最有效的指标。乔灌草植被层，可以提供不同的食物和庇护基层。葛振鸣等（2005）对上海8个园林绿地春季鸟类的研究，显示植被种数、灌木层盖度、草本层盖度等因子在影响园林鸟类群落结构和分布中起关键性作用。

通常情况下，植被越丰富则野生动物的多样性越丰富；植被越单一，种群也趋向单一化。肖琨（2005）对四川绵阳绿地植物结构与昆虫多样性关系的研究，验证了昆虫群落的分布不仅受植物数量的影响，同时也受绿地复层结构以及温湿度的影响。晏华等（2006）对重庆蝶类的研究显示，植被种类丰富度越高、覆盖率越高的生境，蝴蝶种类和数量越多，蝴蝶多样性指数也越高。城市中原生植被的减少，也必然引起野生动物的栖息环境急剧恶化。Burghardt等（2009）对美国宾州东南部6组城郊物业的研究表明，原生植被主导的物业比对照组有更多的鳞翅目物种数，以及更高的鸟类物种丰富度、生物量和本土繁殖鸟种。

野生动物的物种多样性也与植被的空间配置方式有关。王彦平等（2003）对杭州城市行道树带的繁殖鸟类及其鸟巢的研究，揭示了树冠盖度、至大片林地的距离、至主要水源距离、树带宽度与特定鸟种鸟巢分布存在正向联系。Van Heezik等（2008）和Ortega-Alvareza等（2009）的研究，分别指出新西兰某城和墨西哥城西南部的鸟类丰富度与乔木的平均高度以及灌木覆盖率、灌木高度、草本植物高度呈正相关。

3.2.2 人工—自然叠合干扰压力视角：人工环境干扰要素

人工环境对生物多样性的干扰主要通过城市土地开发活动与生物基层竞争各类空间生态位，以及城市中的高强度人类活动改变生物本体的生理和群落适应性特征实现。

1. 开发强度（生境干扰要素）

开发强度表征了单位土地的使用程度，通常包括容积率、建筑密度、道路网密度、居住密度等。人类开发活动所带来的生境隔离，改变了生物生存和繁殖的自然过程，如花粉传播受阻和动物穿越行为的阻碍，会导致基因流动抑制而使近交和罕见等位基因丢失机会增加，影响物种的繁殖、生长发育和种间关系等生物多样性变化过程与趋势（吴建国 等，2008）。如Glista等（2009）认为交通廊道对生物栖息地的占用导致栖息地破碎化和岛屿化，给道路两侧生物穿越带来阻碍甚至造成野生动物非正常死亡。Ortega-Alvarez等（2009）研究了墨西哥城城市化地区绿地、居住用地、商住混合用地、商业用地与鸟类多样性及其空间分布特征的关系，发现城市开发程度与鸟类种群结构单一性呈正相关关系。王卿等（2012）对上海各区县的研究显示，人均 GDP、人口密度和交通网络密度这些人类活动指标，对生物多样性综合指数和各类物种的丰富度具有负面影响。

2. 人类活动（生物干扰要素）

车流量、人流量等人类出行活动以及声环境、光环境、水环境、大气环境、土壤环境等环境污染和微气候变化，影响植物的生物节律和花期以及动物出行、觅食、筑巢、通讯等行为模式，从而导致生理机能和种群结构的变化。如胡志军等指出，道路交通导致动物死亡，已成为野生脊椎动物死亡的首要原因。Alberti 等（2004）以及 Miltner 等（2004）发现城市不透水地面的增加改变了地表水文状况和微气候环境，导致水底生物的多样性指数以及溪流大型无脊椎动物的生物总量的下降。Jason 等（2003）在对加拿大安大略省伊利湖的灯塔与夜间迁徙鸟类死亡原因关系的研究中发现，改变光束的强度可以大大减少灯光对鸟类的误导从而降低其死亡率。城市人为活动对于水域的破坏和污染，如河流变成暗渠、裁弯取直、水泥衬地、石砌护坡、高筑河堤等，也会使依赖水域生活的鸟类等物种迅速减少（李俊生 等，2005）（表3-1）。

表 3-1 城市环境要素变化对生物的影响

城市环境要素及其特征	对植物的主要影响	对动物的主要影响
气候环境：温度高，湿度低，风速小，循环弱	生长周期更长，物候期改变	繁殖期提前，部分物种繁殖速度加快，生物节律被打乱
土壤环境：紧实度大，通透性差，硬化比例高，肥力弱，污染严重	群落结构单一，入侵种比例较高	改变土壤动物群落结构
光环境：自然光照少，人工光照多，夜间照明干扰，日间光污染	影响植物生物节律和花期	改变迁移行为、冬眠行为、繁殖行为以及夜行动物的觅食行为，导致近地面撞击致死
声环境：噪声污染	过早凋谢	影响鸟类、蝙蝠等主要依赖声音进行通讯的类群的觅食能力
水环境：地下水位降低、水污染	耐污染水生植物大量繁殖	影响鱼类、底栖动物的种类和数量
大气环境：大气污染（粉尘/可吸入颗粒物、二氧化硫、氮氧化物、一氧化碳等）	敏感种减少或消失，抗污染强的种类保存	减缓生物的正常发育，影响生理机能

　　如上述文献所示，保护和提升城市生物多样性的建成环境优化需要从"提高基层质量"和"减缓干扰压力"两个维度予以考虑，涉及生态用地、植被格局、开发强度和人类活动四个方面的建成环境要素。宏观尺度影响生物多样性的城市建成环境要素主要为整体开发强度、密度、集聚度以及绿地、林地、湿地、耕地、水域等各类生态用地的规模与结构，而植被格局数据在宏观尺度上较难获取。在中微观尺度，除了延续宏观尺度的具体地块开发强度要素以外，绿地和水体作为中心城区小尺度生态用地的载体，对城市生物多样性有直接影响，因此在实证研究中，可以绿地为主、水体为辅分析其规模和空间形态特征与生物多样性的关系。此外，为动物提供觅食、巢居、休憩生态位，并在小尺度进行测绘和调控植被的规模、结构和种植形态亦可作为影响生物多样性的建成环境要素进行分析。由于环境监测数据较难获取，且该类要素较难在城市空间规划设计中进行直接调控，因此在城市规划学科的生物多样性影响研究中，环境污染影响要素一般不作为核心研究变量。

3.3　城市生物多样性的建成环境六维影响效应

　　借鉴 1967 年 Robert H. MacArthur 和 Edward O. Wilson 提出的岛屿生物地理学理论对岛屿生境的形状、面积、隔离度以及排列组合模式的分析，本书基于高密度城市空间的资源有限性和垂直延伸性，提出城市多重生境生物多样性的建成环境六维影响效应。

　　（1）配比效应（Ratio Effect）：野生动物是城市的"原住民"，而钢筋水泥的人工建设堆砌与扩张让这些"原住民"失去了原先的栖息地，城市成片扩张的过程也是野生动物生存日益片段化与碎片化的过程。在土地资源有限的高密度城市中，生物生境空间和人居环境空间在不同尺度的叠合所形成的配比关系，是决定生物基层规模的首要条件。

　　（2）面积效应（Area Effect）：根据保护生态学的"物种—面积关系"理论，在一定地域内物种数量与面积之间存在一定的函数关系，通常而言，当生境面积越大时，物种的数量也倾向较多，越能维持健全的动植物群落。

　　（3）边缘效应（Edge Effect）：在城市中，生境的边缘一般意味着人类活动的干扰界面，边缘的界限越长，越容易受到外来冲击，因此形状完整的生境空间比较有益于生物多样性，即相同面积的生境，圆形优于方形，方形优于长方形。

（4）**距离效应（Distance Effect）**：根据空间生态位的趋近理论，生境之间的距离越接近，越方便物种在各种生态位之间移动与交流，对植物群落的多样化也越有利，因此生境之间不能分隔太远。

（5）**网络效应（Network Effect）**：在城市中，由于建筑、道路等人工设施的存在，生境之间即便在几何空间上趋近，也可能由于实际空间上的阻隔而无法进行物质能量交换。因此众多生境间需要有足够宽度和一定数目的廊道连接，以促进物种的网状移动与基因交流。在城市中，绿廊与河川绿地常常负担起这一重要的绿色网络功能。

（6）**高度效应（Height Effect）**：在高密度城市中，城市生物的自然栖息空间与人居环境之间存在一种立体空间上的动态平衡关系，所涉及的范围除了地表，也包括水体、土壤以及竖向空间，各类物种与人类可以通过时空错位和叠合方式分占三维空间生态位。高度效应既可以为生物栖息保留更多的地面绿地基层，亦可以提供更多的硬质表皮作为人工界面生境。

3.4 城市多重生境生物多样性的建成环境影响机制

1. 近自然农林与水域生境

近自然农林与水域生境首先受到城市开发所带来的人与其他生物空间配比关系的影响，较大的生境用地规模和植被规模，可为近自然生境提供较为稳定的群落结构和较高的生物多样性。由于近自然生境一般规模较大，在高度破碎化的城市景观中相互之间间隔较远，因而距离效应在这类生境中很难发挥作用，但如能以城市河岸带、湖岸带、绿道等生态交错带构成廊道网络连通，则更能强化近自然生境的"源"作用，使物种沿廊道向外扩散。由于近自然生境中一般仅有少量建设，因而高度效应亦不能对其产生影响。

2. 半自然公园绿地生境

半自然公园绿地生境同样受到开发配比效应以及生境用地规模和植被规模的影响。公园绿地之间的距离和廊道网络效应决定了生物群落在城区较大生境之间的移动和基因交流的可能性。由于公园绿地的形态通常都较为完整，因此一般不考虑边缘干扰效应。植被的高度可以带来更多的垂直空间生态位，对善于利用离地空间的鸟类等物种的多样性较为有利。

3. 半人工休闲绿化生境

由于位于城市的主要功能区，半人工休闲绿化生境同时受到城市开发所带来的配比效应和高度效应的双重影响。配比效应决定了生物所能利用的基层空间比例，高度效应则在增加离地可用空间的同时也对生物栖居形成了一定的干扰。半人工休闲绿化生境是与人居环境高度重合的生境类型，因而需要重点考虑生境边缘界面的干扰效应。同时，生境斑块间的间距和网络以及植被的规模和高度也对半人工生境的生物多样性有着重要影响。

4. 人工硬质界面生境

人工硬质界面生境是几乎完全重合于人居环境的生境类型，高度效应同样会为其带来正负两方面的影响，它的生物多样性主要取决于硬质界面上可以提供的生境及其植被基层的规模。

5. 人工废弃—自然演替生境

人工废弃—自然演替生境通常以个体形式存在于城市之中，其生物多样性主要取决于不受人类干扰的用地规模和自然演替植被的规模。

除了以上五类生境内部的建成环境影响机制外，多重生境之间的距离和网络效应也同样不容忽视，系统化的"源""汇""廊""踏脚石"生境网络，不仅能够提升各类生境内部的生物多样性，也能对整体的生物多样性起到有益作用（表3-2）。

表3-2 城市多重生境的建成环境影响机制

生境类型	生态用地	植被格局	开发强度	综合影响
近自然农林与水域生境	A+N	A	R	
半自然公园绿地生境	A+D+N	A+H	R	
半人工休闲绿化生境	A+E+D+N	A+H	R+H	D+N
人工硬质界面生境	A	A	H	
人工废弃—自然演替生境	A	A	—	

注：R-配比效应，A-面积效应，E-边缘效应，D-距离效应，N-网络效应，H-高度效应。

3.5 本章小结

　　本章初步构建城市生物多样性与建成环境的关联影响理论，从城市空间规划设计的视角，通过相关理论和实践文献的梳理，分析城市建成环境对生物多样性的影响表征，将影响城市生物多样性的城市建成环境要素归纳为生物基层承载要素和人工环境干扰要素两大维度，并指出各类影响要素作用于不同尺度的多重叠合生境，产生包括配比效应、面积效应、边缘效应、距离效应、网络效应、高度效应在内的相互关联的作用机制，为后文的实证研究建立了分析框架。

4

宏观尺度下城市生物多样性
与建成环境关系的实证研究
——以上海市各区县为例

4.1 上海生物资源本底概况

本节从上海城市生物地理区系概况、动植物资源概况、生物多样性资源保护的压力三方面，呈现上海生物资源本底概况，以此作为上海宏观尺度城市生物多样性与建成环境关系研究的背景条件。

4.1.1 生物地理区系概况

上海是全国城市化水平最高的大都市，人口密度也位居各大城市前列。从地理区系上看，上海位于中国南北海岸线的中点，长江三角洲的东缘，黄金通道长江的入海口，长江和钱塘江入海口交汇处，地势低洼，水网纵横，水域面积较大，拥有江口沙洲区、滨海平原、蝶缘高地、淀泖低地四类地貌。从气候带来看，上海地处中亚热带北缘，市域范围以低山丘陵、沿海滩地和平原为特征，水热条件差异显著，对植被发育的影响极为深刻。其原生自然森林生态系统为亚热带常绿阔叶林和常绿落叶阔叶混交林。但由于人类活动，尤其是开埠近两百年来人类生产、生活活动的强烈影响，上海大部分森林生态系统都已转变为次生林和人工林。在动物区系上，上海地区位于古北界和东洋界的交汇处，古北界和东洋界的动物相互混杂，但以东洋界的动物占多数。

4.1.2 动植物资源概况

尽管上海地区地形相对简单，但由于地处陆地生态系统、河流生态系统与海洋生态系统的交错地带，生境类型多样，尤其是近 32 万 hm^2 的沿江沿海滩涂湿地和内陆湖泊湿地提供了丰富的栖息环境和食物资源。根据 2013 年公布的《上海市生物多样性保护战略与行动计划(2012—2030 年)》，上海全市共有淡水鱼类 300 多种，陆生脊椎动物 530 多种(包括两栖动物 14 种，爬行动物 36 种，鸟类 445 种，哺乳动物 42 种)；野生维管束植物 780 种，隶属于 2 门 6 纲 125 科，其中蕨类植物共 4 纲 17 科 25 属 35 种，被子植物共 2 纲 108 科 415 属 745 种(上海市环境保护局 等，2013)。野生动物主要物种中除了数量繁多的野生鸟类之外，还有刺猬、貉、黄鼬、狗獾、华南兔等哺乳动物，蟾蜍、黑斑蛙、泽蛙、金线蛙等两栖动物，壁虎、北草蜥、王锦蛇、乌龟等爬行动物，蜻蜓、蝴蝶等昆虫和生活在湿地环境中的螃蟹、河蚬等无脊椎动物，以及生活在水中的刀鱼、鲥鱼等鱼类(裴恩乐，2012)。

4.1.3 生物多样性资源保护的压力

改革开放以后，上海进入快速的城市发展新时期，尤其是 20 世纪 90 年代浦东开发以来，城市空间跨越式发展，土地利用强度不断提高，人口密度不断攀升，有限的市域自然生态空间被逐步蚕食，仅 2006—2008 年，全市生态资源用地规模从 4 462km^{2}下降到 4 057km^2，年均降幅占陆域总面积的 1.5%（陆亮 等，2016）。四大类生态用地中，除了绿地略有增加外，各类生态用地均有不同程度的减少，尤其是沿海滩涂湿地面积持续减少，不断蚕食野生动物的栖息空间。环境污染，特别是水体污染对水生和河岸生物多样性及物种栖息地造成一定影响。城市发展残留的各种自然生境深深地烙上人类活动的印迹，野生动植物赖以生存的生境数量减少、质量下降，破碎化趋势明显，导致陆域野生动物与水生动物种群普遍偏小且分布较为孤立，基因交流较少，遗传多样性未得到有效保护。在多重因素影响下，部分生态系统功能退化，物种濒危程度尚未得到根本缓解。

4.2 各区县生物多样性统计数据的空间分布

本节介绍了以上海市区县为统计单元的生物多样性指数及各类物种丰富度数据的来源及空间分布特征。

4.2.1 数据来源

本节采用上海市环境科学院 2011 年所承担的国家环保部《基于野生动植物物种丰富度的生物多样性评价研究报告》的各区县生物多样性统计数据，该研究以区、县级行政区为研究单元，将中心城区 [杨浦区、虹口区、黄浦区、闸北区（现并入静安区）、卢湾区（现并入黄浦区）、静安区、长宁区、徐汇区、普陀区] 作为一个统计单元，宝山区、青浦区、闵行区、嘉定区、松江区、金山区、奉贤区、浦东新区以及崇明县（现为崇明区）等郊区区县则分别作为统计单元，基于可获取的文献资料数据梳理汇总，并根据《区域生物多样性评价标准》（HJ 623—2011）计算生物多样性指数 *BI*。该项研究成果所提供的各区县生物多样性指数和各类物种的物种丰富度数据如表4-1所示。

表 4-1 上海市各区县近年的生物多样性指数与各类物种丰富度

评价单元	生物多样性指数	物种丰富度								外来入侵种
		高等植物	高等动物	其中						
				鸟类	哺乳动物	爬行动物	两栖动物	鱼类		
中心城区	19.83	220	160	146	7	2	3	2		57
宝山区	38.29	269	249	169	14	8	6	52		48
青浦区	40.05	259	200	109	13	7	6	65		36
闵行区	31.07	256	147	85	13	8	4	37		34
嘉定区	32.07	324	147	78	15	6	6	42		35
松江区	45.62	580	200	129	16	15	6	34		37
金山区	41.86	379	186	111	14	13	5	43		31
奉贤区	37.12	289	277	195	18	12	7	45		32
浦东新区	40.25	254	353	267	14	12	7	53		27
崇明县	36.79	256	336	291	13	6	4	22		25

注：其中高等动物包括鸟类、哺乳动物、爬行动物、两栖动物和鱼类。

数据来源：王卿，阮俊杰，沙晨燕，等.人类活动对上海市生物多样性空间格局的影响 [J]. 生态环境学报，2012，21（2）：279-285.

4.2.2 空间分布特征

1. 生物多样性指数

根据《区域生物多样性评价标准》（HJ 623—2011），县级以上行政单位的生物多样性指数 BI 分为高（$BI \geqslant 60$）、中（$30 \leqslant BI < 60$）、一般（$20 \leqslant BI < 30$）、低（$BI < 20$）四级。上海各区县中，生物多样性指数最高为松江区（45.62），属于中级水平，这与松江区生态基底历史悠久且拥有较明显的丘陵地形密切相关，除中心城区生物多样性指数处于低等级（19.83）外，其他各区县均位于中级水平，整体而言，远郊区县优于近郊区级行政单位（图 4-3）。

2. 高等植物物种丰富度

高等植物指苔藓植物、蕨类植物和种子植物，其中蕨类植物和种子植物也被称为维管束植物。上海各区县的高等植物物种丰富度以拥有近郊唯一山林——佘山的松江区为首，金山、嘉定、奉贤也较高，其他各区县（包括中心城区）相差不大（图 4-1，图 4-4）。

3. 高等动物物种丰富度

高等动物一般包含两栖类、爬行类、鸟类、哺乳类、鱼类等脊椎动物。上海各区县高等动物物种丰富度最高的为拥有最长海岸线的浦东新区和崇明县，体现了沿海滩涂作为海陆生态系统交汇与物种交流最频繁的地带对区域动物物种多样性的贡献。同样拥有一定海岸线的宝山区和奉贤区的高等动物物种丰富度也较高。整体体现出沿海区县大于内陆区县，远郊大于近郊和中心城区的分布特征（图4-2，图4-5）。

4. 鸟类物种丰富度

鸟类是上海野生脊椎动物中比例最高的物种，其物种丰富度的分布格局与高等动物基本类似，不同之处在于中心城区的鸟类物种丰富度反超闵行和嘉定两区，这可能与这两区的绿地面积较少有关（图4-6）。

5. 哺乳动物物种丰富度

除中心城区（7种）之外，上海各郊区区县的哺乳动物物种丰富度相差不大，最高为奉贤（18种）和松江（16种），其余各区都在13～15种之间（图4-7）。

6. 爬行动物物种丰富度

爬行动物物种丰富度最高的是松江区（15种）、金山区（13种）和奉贤区（12种）和浦东新区（12种），其余各区县均小于10种，中心城区仅发现2种（图4-8）。

7. 两栖动物物种丰富度

各区县的两栖动物物种差异性不大，最高为奉贤区和浦东新区，均发现7种，中心城区仅发现3种（图4-9）。

8. 鱼类物种丰富度

鱼类物种丰富度最高的为拥有淀山湖水域的青浦区（65种），浦东新区、宝山、奉贤、金山、嘉定等区县均发现40种以上鱼类，中心城区仅发现2种（图4-10）。

9. 外来入侵种丰富度

作为全国最大的沿海开放城市，上海由于旅游、交通、运输、航运和国内外贸易的飞速发展，给外来物种的入侵和扩散提供了极为便利的传播条件，由于某些新植物或动物物种的出现会打破原来固有的生态循环系统，有时甚至给当地环境带来压力和灾难，造成生态系统退化，因此，外来入侵种一直是城市生物多样性中的一个重要指征。根据统计，上海目前共有外来入侵种212种, 分属63目87科（张晴柔 等，2013）。从各区县的空间分布上来看，中心城区最多(57种)，紧随其后的是近郊的宝山区(48种)，位于上海对外交通要道上的青浦区和松江区也较高，崇明县和浦东新区最低，分别为25种和27种（图4-11）。

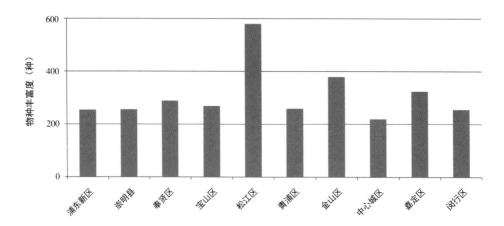

图 4-1 上海各区县高等植物物种丰富度比较（2011）

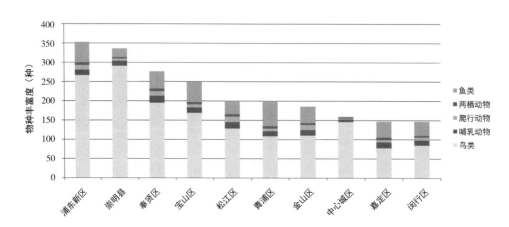

图 4-2 上海各区县高等动物物种丰富度比较（2011）

图 4-3 上海各区县生物多样性指数（2011）

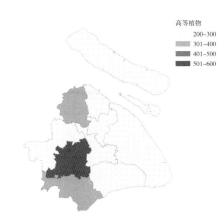

图 4-4 上海各区县高等植物物种丰富度（2011）

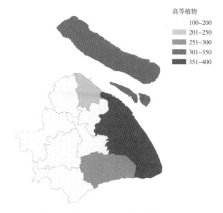

图 4-5 上海各区县高等动物物种丰富度（2011）

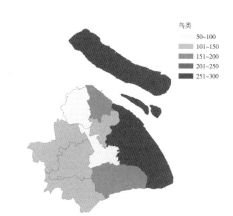

图 4-6 上海各区县鸟类物种丰富度（2011）

图 4-7 上海各区县哺乳动物物种丰富度（2011）

61

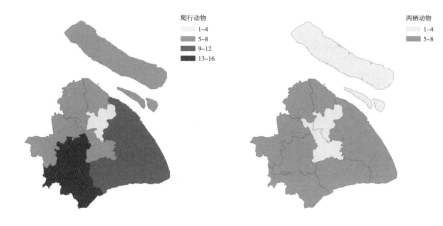

图 4-8 上海各区县爬行动物物种丰富度（2011）   图 4-9 上海各区县两栖动物物种丰富度（2011）

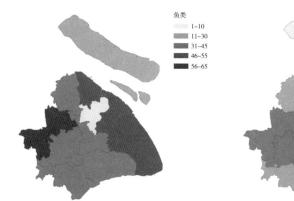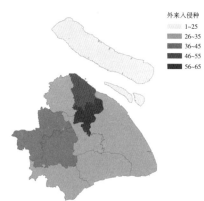

图 4-10 上海各区县鱼类物种丰富度（2011）   图 4-11 上海各区县外来入侵种丰富度（2011）

4.3 城市建成环境变量遴选与基于统计单元的比较

本节解析了本章宏观尺度实证研究中所选的城市建成环境变量及其计算方法，并比较了开发强度与各类生态用地变量在各区县统计单元中的不同分布概况。

4.3.1 变量选择及计算方法

参考既有文献中影响生物多样性的城市建成环境要素，以影响生物基层质量和提供人工干扰压力、在规划设计中可调控以及数据易获取为原则，选择了以下两类变量。

1. 开发强度变量

城市发展对生物多样性具有重要影响。在城市及邻近地区，经济发展及随之而来的人口集聚是威胁生物多样性的重要因素。本书中研究选择经济发展水平、人口聚集度和建设开发强度作为评价人类开发活动强度的变量，分别用人均 GDP、地均 GDP、人口密度、道路网密度、建筑密度、高层建筑比例来表征，主要数据来自《上海市统计年鉴（2012）》。由于无法获得每个区县的土地开发强度即容积率数据，因此以统计年鉴上可以获取的 8 层以上建筑面积数据，分别计算 8 层以上（约 24m）、16 ~ 19 层以上（约 50m）、30 层以上（约 90m）高层建筑面积及占该区县建筑总面积的比例，作为容积率的替代变量表征建设开发强度。道路网密度数据则是利用 ESRI ArcGIS10.2 软件对开源数据网络平台（http://www.openstreetmap.org/）中上海市高速路、快速路、主干道、次干道不同等级道路信息的道路空间分布基础图层进行统计获得。考虑到不同宽度道路对生物迁移和物质能量交换具有不同的阻隔效应，因而在计算中采用道路网面密度作为变量。

2. 生态用地变量

（1）用地规模——生态用地规模及其比例

宏观尺度下生态用地对生物多样性的影响效应主要体现在具有生态系统服务功能的用地规模与空间结构，作为城市快速建设过程中出现的具有生态保护倾向的新用地形式，因其维护生态安全和生物多样性的基本特征，在城市建设中日益受到关注，但同样也常常受到挤占。以上海各区县统计单元数据为例，生态用地面积比例与居住用地、商业用地、工业用地等其他主要用地类别的比例呈负相关，且与居住用地、商业用地面积比例都在 0.01 的水平上高度负相关（表 4-2）。因此生态用地可以在一定程度上作为建成环境土地使用格局的表征变量。

表 4-2 上海市各区县生态用地比例与其他用地比例的相关分析（Pearson 相关）

变量	居住用地面积比例	商业用地面积比例	工业用地面积比例
生态用地面积比例	−0.913**	−0.914**	−0.403

注："**"表示在 0.01 水平（双侧）上显著相关。

生态用地的位置、规模大小、系统结构、与周边建成环境的空间联系以及内部空间布局形式，对高密度城市的生物多样性保护和恢复均起到至关重要甚至决定性的作用，因此本书以生态用地的规模及比例作为宏观尺度下影响生物多样性的生态用地要素变量。上海市农林局和上海市野生动物保护管理站将上海市野生动植物生境分为湿地、农田、林地、绿地4种类型，因此研究主要选择城市公共绿地、耕地、水域及湿地、林地四类生态用地的面积及其占土地资源总面积的比例作为生态用地变量。

研究参考杨磊（2016）利用上海2013年卫星影像图解译所得出的各区县四类生态用地面积，并根据各区县辖区面积计算各类生态用地比例。城市公园绿地面积和平均公园面积来自《上海市统计年鉴（2012）》，野生动物重要栖息地面积数据则来自2008年上海市野生动物保护管理站组织相关研究机构对全市45块野生动物重要栖息地所开展的调查报告。

（2）空间形态——水网格局

已有多项研究证明了宏观尺度下绿地、耕地、湿地、林地等各类生态用地的斑块密度、景观结合度、聚合度等空间形态变量对生物多样性的影响机制，因此本书中的研究不做重复讨论。考虑到上海特殊的江南水网城市基底特征，在陆地生态用地破碎化的状况下，残余的河道水网成为相对天然的生态廊道，且河岸与陆地交接处形成的景观交错带通常被认为是生物最丰富的群落交会地带区（Ecotone），也是鱼类、两栖类、爬行类、鸟类等水岸生物移动交流的最佳途径。因此在本书中将水网格局作为宏观尺度下空间形态的变量进行研究。参考陈思（2012）对天津和南京城市水网景观连接度研究中所采用的计算方法，以上海市ArcGIS底图计算各区县统计单元的河流廊道数量和节点数，按以下公式分别计算水网闭合度（α指数）、线点率（β指数）、网络连接度（γ指数）作为水网格局的指标。

α指数：测度水网的闭合度，即网络中实际回路数与网络中存在的最大可能回路数之比，是连接网络中景观节点环路的程度，公式为：$\alpha=(L-V+1)/(2V-5)$，其中，L代表廊道数，V为节点数，$L-V+1$为实际环路数，$2V-5$为最大可能环路数。

β指数：测度水网中每个节点的平均连线数，是度量一个景观节点与其他景观节点联系难易程度的变量，公式为：$\beta=2L/V$。

γ指数：测度网络的连接度，描述一个网络中所有景观节点被连接的程度，公式为：$\gamma=L/[3(V-2)]$。

4.3.2 各区县城市建成环境变量的比较

1. 开发强度变量的比较

分析结果显示，浦东新区人均 GDP 最高，为 11.43 万元 / 人，中心城区、金山区、青浦区也以 9.61 万元 / 人、7.27 万元 / 人、6.52 万元 / 人紧随其后，崇明县最少，仅为 3.24 万元 / 人。地均 GDP 以中心城区最高，为 21.51 亿元 /km^2，浦东新区和闵行区均超过 4 亿元 /km^2，最低为崇明县，仅为 0.19 亿元 /km^2。人口密度与建筑密度以中心城区最高而崇明县最低。高层建筑面积变量中，中心城区和浦东新区最高，这也是上海市开发强度最高的两大区域；闵行区和浦东新区的 8 层以上建筑面积比例最高，而 16 层以上的高层建筑绝大部分集中在中心城区和浦东新区。

2. 生态用地变量的比较

（1）城市公共绿地

主要包括城市公园和绿地，广泛分布于各区县。其中浦东新区的公共绿地面积最大，为 10 713.31hm^2，崇明县的公共绿地面积最小，为 2 811.12hm^2。公共绿地面积比例中，中心城区和宝山区最大，分别为 24.47% 和 19.06%，崇明县最小，仅为 2.37%。公共绿地中，城市公园面积最大的是浦东新区和中心城区，分别为 5 951.4hm^2 和 2 517.84hm^2，公园面积比例最高的是中心城区和宝山区，分别为 8.70% 和 7.06%，单个公园平均面积（公园面积 / 公园个数）最大的是奉贤和浦东新区，分别为 482.22hm^2/ 个和 270.52hm^2/ 个。

（2）水域及湿地

上海的水域主要包括黄浦江、苏州河及其支流，以及淀山湖流域。自然湿地主要以江口滨海湿地（沿江沿海湿地和沙洲岛屿湿地）为主。浦东新区的水域及湿地面积最大，达到 123km^2，其次为拥有淀山湖的青浦区以及拥有岛屿滩涂湿地的崇明县，分别为 86km^2 和 67km^2。而中心城区只有 12km^2，且几乎没有自然湿地。从水域及湿地的比例上看，青浦区和浦东新区以 12.89% 和 10.16% 位居前两位，而中心城区最低。

（3）耕地

上海市的耕地主要分布于远郊地区，崇明、金山、奉贤等区县面积较大，面积比例也较高（大于 50%），浦东新区的耕地面积虽然位居第二，但比例只有 31.5%，中心城区仅存 0.03% 的面积是耕地。

（4）林地

林地主要分布于崇明县、浦东新区、奉贤区和松江区，中心城区仅有 1.07km^2。从面积比例上来看，崇明县最高，接近 30%，松江区和奉贤区紧随其后，分别为 16.09% 和 14.45%。

整体而言，各区县的生态用地分布不均衡，生态资源主要集中在北部的崇明三岛和南部的青浦、松江、金山、奉贤、浦东新区南汇一带，占全市的比重达84%，近郊区和中心城区生态用地比重明显较低（图4-12）。

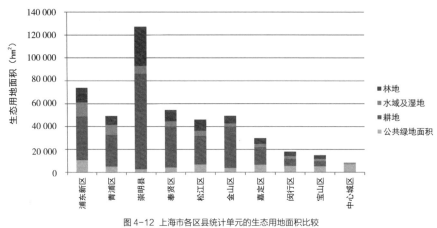

图4-12 上海市各区县统计单元的生态用地面积比较

4.4 相关分析及结果

以下研究采用 IBM SPSS Statistics 19 软件，对各区县生物多样性变量与开发强度变量、生态用地变量进行 Pearson 相关分析，采用双侧检验法进行显著性检验，从而揭示影响上海市各区县生物多样性的主要建成环境影响要素。为了探讨城市建成环境对各类生态用地的影响，进一步揭示城市建设对生物多样性的影响机制，将各区县的开发强度变量与生态用地变量之间也进行了相关分析,同样采用双侧检验进行了显著性检验。

4.4.1 开发强度变量与生物多样性的相关分析

相关分析结果如表4-3所示，上海市各区县人口密度、地均GDP、建筑密度与生物多样性指数、各类群物种丰富度呈负相关，且部分变量间在 0.01 水平上显著负相关，而外来入侵种的物种丰富度与人口密度和建筑密度在 0.01 水平上呈显著正相关。人均GDP 与生物多样性指数、高等植物、哺乳动物、鱼类的物种丰富度呈正相关，而与高等动物及其中的鸟类、爬行动物、两栖动物，以及外来入侵种的物种丰富度呈负相关，但均未表现出显著相关性。

　　高层建筑面积及其比例与生物多样性指数、各类群物种丰富度呈负相关，与外来入侵种物种丰富度呈显著正相关。进一步分析可以发现，在不同层数的高层建筑中，16 层以上建筑面积及其比例与生物多样性系数和各类动物的物种丰富度之间的负相关系数相对更大，而 8 层以上建筑面积及其比例与植物物种丰富度之间的负相关系数相对较大。道路网面密度与生物多样性指数和鱼类物种丰富度显著负相关，与其他物种丰富度负相关但没有显著性，与外来入侵种物种丰富度显著正相关。

表 4-3　上海市各区县开发强度变量与生物多样性的相关分析（Pearson 相关）

变量		生物多样性指数	物种丰富度								外来入侵种
			高等植物	高等动物	其中						
					鸟类	哺乳动物	爬行动物	两栖动物	鱼类		
经济发展水平	人均 GDP（元/人）	-0.258	-0.223	0.001	0.019	-0.374	0.007	0.062	-0.023		0.112
	地均 GDP（亿元/km²）	**-0.817****	-0.340	-0.294	-0.061	**-0.839****	-0.587	-0.582	**-0.692***		**0.761***
人口集聚度	人口密度（人/km²）	**-0.827****	-0.344	-0.351	-0.125	**-0.827****	-0.613	-0.596	**-0.668***		**0.845****
建设开发强度	建筑密度（万 m²/km²）	**-0.765****	-0.308	-0.325	-0.113	**-0.795****	-0.607	-0.533	-0.614		**0.907****
	8 层以上建筑面积（m²）	**-0.639***	-0.413	0.007	0.177	**-0.724***	-0.384	-0.353	-0.480		0.475
	16 层以上建筑面积（m²）	**-0.754***	-0.360	-0.154	0.069	**-0.819****	-0.529	-0.506	**-0.656***		**0.665***
	30 层以上建筑面积（m²）	**-0.728***	-0.350	-0.111	0.110	**-0.806****	-0.512	-0.482	**-0.651***		**0.640***
	8 层以上建筑面积比例（%）	-0.483	-0.410	-0.086	-0.003	-0.478	-0.127	-0.292	-0.231		0.158
	16 层以上建筑面积比例（%）	**-0.699***	-0.377	-0.170	0.016	**-0.740***	-0.386	-0.445	-0.556		0.544
	30 层以上建筑面积比例（%）	**-0.664***	-0.369	-0.002	0.195	**-0.752***	-0.437	-0.382	-0.572		0.550
	道路网面密度（km/km²）	**-0.801****	-0.293	-0.468	-0.547	-0.499	-0.532	-0.283	**-0.738***		**0.829****

注：1. "*"表示在 0.05 水平（双侧）上显著相关；"**"表示在 0.01 水平（双侧）上显著相关。
　　2. 变量之间的相关强度可以通过 Pearson 相关系数绝对值来判断。当该值处在 0.8 ~ 1.0 时，变量之间有极强的相关；处在 0.6 ~ 0.8 时，强相关；处在 0.4 ~ 0.6 时，中等程度相关；处在 0.2 ~ 0.4 时，弱相关；处在 0 ~ 0.2 时，极性弱相关或者说无相关性。

4.4.2 生态用地变量与生物多样性变量的相关分析

研究结果如表 4–4 所示，上海市生态用地面积与鸟类的物种丰富度在 0.01 水平上显著正相关，与外来入侵种的物种丰富度在 0.05 水平上显著负相关。野生动物重要栖息地面积与高等动物物种丰富度在 0.01 水平上显著正相关。生态用地面积比例与生物多样性指数在 0.05 水平上显著正相关，与外来入侵种的物种丰富度在 0.05 水平上显著负相关。

在上海的四类生态用地中，水域及湿地、耕地对地区生物多样性的影响相对较强。水域及湿地面积与高等动物及其中的鸟类物种丰富度在 0.05 水平上显著正相关，与外来入侵种的物种丰富度在 0.05 水平上显著负相关；而水域及湿地的面积比例则与鱼类物种丰富度在 0.05 水平上显著正相关。

耕地面积与高等动物的物种丰富度在 0.05 水平上显著正相关；耕地面积比例与生物多样性指数在 0.05 水平上显著正相关，与外来入侵种的物种丰富度在 0.01 水平上显著负相关。

林地对生物多样性的影响一般，仅有林地面积比例与外来入侵种的物种丰富度在 0.05 水平上显著负相关。

相比较而言，城市公共绿地与生物多样性指数的相关性较弱，公共绿地面积与各类生物多样性变量之间没有呈现出显著相关性，而公共绿地用地面积比例越大，反而与除了外来入侵种以外的各类物种丰富度都呈现负相关性，甚至与生物多样性指数在 0.05 水平上显著负相关，与外来入侵种的物种丰富度在 0.01 水平上呈现显著正相关，这可能与公园绿化较多以观赏性较强的外来人工植被为主有关。而公园面积却与生物多样性指数以及与绝大部分物种外来入侵种除外的丰富度正相关，其中与哺乳动物和两栖动物的物种丰富度在 0.05 水平上显著正相关，单个公园平均面积则与生物多样性指数和各类动物的物种（外来入侵种除外）丰富度呈现正相关，其中与高等动物及其中的鸟类的物种丰富度呈现显著相关性。这表明在城市绿地中，面积较大的公园对生物多样性的影响相对更强。

表 4-4 上海市各区县生态用地变量与生物多样性变量的相关分析（Pearson 相关）

变量		生物多样性指数	物种丰富度							外来入侵者
			高等植物	高等动物	其中					
					鸟类	哺乳动物	爬行动物	两栖动物	鱼类	
生态用地面积（hm²）		0.419	-0.020	**0.780****	**0.772****	0.246	0.196	0.117	0.031	**-0.761***
公共绿地面积（hm²）		-0.156	-0.334	0.313	0.308	-0.257	0.002	0.171	0.088	0.049
公园面积（m²）		0.226	-0.104	0.257	0.073	**0.701***	0.338	**0.730***	0.550	-0.395
单个公园平均面积（hm²）		0.427	0.022	**0.705***	**0.699***	0.280	0.208	0.074	0.008	**-0.757***
耕地面积（hm²）		0.464	-0.122	**0.701***	0.577	0.200	0.278	0.492	0.468	-0.596
水域及湿地面积（hm²）		0.313	-0.028	**0.708***	**0.746***	0.187	0.057	-0.043	-0.113	**-0.660***
林地面积（hm²）		-0.077	0.026	0.095	0.073	-0.135	0.117	0.308	0.077	0.125
野生动物重要栖息地面积（hm²）		0.330	-0.363	**0.711***	0.597	-0.131	-0.101	0.438	0.482	-0.518
生态用地面积比例（%）		**0.659***	0.297	0.487	0.398	0.557	0.405	0.244	0.228	**-0.763***
公共绿地面积比例（%）		**-0.671***	-0.165	-0.549	-0.414	-0.581	-0.495	-0.368	-0.392	**0.903****
耕地面积比例（%）		**0.637***	0.293	0.437	0.344	0.554	0.457	0.253	0.229	**-0.786****
水域及湿地面积比例(%)		0.469	-0.076	0.277	0.076	0.209	0.187	0.571	**0.753***	-0.249
林地面积比例（%）		0.519	0.191	0.562	0.524	0.472	0.236	0.107	0.086	**-0.679***
野生动物栖息地面积比例（%）		0.346	-0.369	0.519	0.360	0.180	0.059	0.490	**0.642***	-0.370
水网格局	α 指数	0.279	-0.316	**0.697***	0.620	-0.070	0.394	0.325	0.276	-0.395
	β 指数	0.317	-0.283	**0.693***	0.621	-0.146	0.377	0.282	0.260	-0.447
	γ 指数	0.264	-0.328	**0.696***	0.617	-0.053	0.393	0.335	0.281	-0.379

注："*"表示在 0.05 水平（双侧）上显著相关；"**"表示在 0.01 水平（双侧）上显著相关。

在水网格局变量与生物多样性的相关性分析中，α 指数、β 指数、γ 指数均与高等动物物种丰富度显著正相关，与鸟类、两栖动物、爬行动物、鱼类的物种丰富度也呈现一定正相关性，与外来入侵种和哺乳动物呈现一定负相关性。这表明闭合度更好、回路更多、节点间的连接性和网络连通性也较好的城市水网，能对某些生物的物种丰富度起到一定的正面作用。

4.4.3 开发强度变量与生态用地变量的相关分析

相关分析结果显示，开发强度对总生态用地的比例以及耕地、水域及湿地、林地三类生态用地的面积和比例均具有一定的负影响效应，而与公共绿地（包含公园）之间具有趋同效应，部分变量之间的相关系数绝对值超过 0.8，即高度正 / 负相关。人口密度、建筑密度、地均 GDP、高层建筑面积与耕地面积比例、林地面积比例显著负相关，与公共绿地面积比例和公园绿地面积比例显著正相关。人均 GDP 与公共绿地和公园面积显著正相关。地均 GDP 与公共绿地和公园面积比例显著正相关。道路网面密度与生态用地、耕地和林地面积及其比例都呈显著负相关，而与公共绿地和公园用地面积比例呈显著正相关。与各区县生物多样性变量显著相关的单个公园平均面积与开发强度变量之间有一定的负相关效应但没有显著相关性。开发强度变量对野生动物栖息地面积及其比例没有显著影响。这显现出高强度的开发对耕地、水域及湿地、林地三类生态用地具有较为显著的侵占行为。而由于城市建设中对绿地指标的规划调控要求，以及经济发展较好的区、县对公共绿地和公园建设的重视，因此开发强度与公共绿地和公园的面积及其比例之间反而呈现正相关关系。但是，必须注意到开发强度的提高仍会造成公园绿地的破碎化，较高的开发强度使得建设面积较大的公园几无可能，故而开发强度与单个公园面积呈现负相关关系。

此外，人均 GDP 与水网格局变量显著正相关，这可能是因为经济发展较好的区县更重视河流水系网络的建设。而高层建筑面积及其比例（16 层以上和 30 层以上）也与水网格局变量显著正相关，从理论上看似乎没有直接逻辑关系，其背后的机制有待进一步讨论（表 4-5a，表 4-5b）。

表 4-5a 上海市各区县开发强度与生态用地变量的相关分析（Pearson 相关）
　　　　（生态用地、公共绿地、公园、耕地）

变量		生态用地		公共绿地		公园			耕地	
		面积 (hm²)	比例 (%)	面积 (hm²)	比例 (%)	面积 (hm²)	比例 (%)	单个公园平均面积 (hm²)	面积 (hm²)	比例 (%)
人口密度 (人/km²)		-0.553	**-0.819****	0.308	**0.849****	0.328	**0.830****	-0.444	-0.591	**-0.803****
人均 GDP (元/人)		-0.181	-0.544	**0.798****	0.256	**0.799****	0.427	0.009	-0.287	-0.417
地均 GDP (亿元/km²)		-0.451	**-0.766****	0.363	**0.759***	0.366	**0.756***	-0.423	-0.495	**-0.729***
建筑密度 (万 m²/km²)		-0.579	**-0.804****	0.29	**0.888****	0.304	**0.850****	-0.483	-0.614	**-0.810****
高层建筑面积 (m²)	8 层以上	-0.247	**-0.726***	**0.661***	0.582	**0.743***	**0.755***	-0.274	-0.357	**-0.674***
	16 层以上	-0.323	**-0.697***	0.437	**0.655***	0.456	**0.701***	-0.392	-0.38	**-0.645***
	30 层以上	-0.280	**-0.666***	0.449	0.621	0.462	**0.672***	-0.381	-0.341	-0.615
高层建筑面积比例 (%)	8 层以上	-0.289	**-0.662***	0.565	0.401	**0.754***	**0.659***	-0.084	-0.377	-0.568
	16 层以上	-0.347	**-0.692***	0.455	0.578	0.525	**0.672***	-0.312	-0.391	-0.588
	30 层以上	-0.215	**-0.655***	0.559	0.565	0.591	**0.670***	-0.311	-0.299	-0.600
道路网面密度 (km/km²)		**-0.702***	**-0.933****	0.431	**0.921****	0.419	**0.892***	-0.353	**-0.753***	**-0.909****

表 4-5b 上海市各区县开发强度与生态用地变量的相关分析（Pearson 相关）
（水域及湿地、林地、野生动物重要栖息地、水网格局）

变量 面积 （hm²）		水域及湿地		林地		野生动物 重要栖息地		水网格局		
		面积 （hm²）	比例 （%）	面积 （hm²）	比例 （%）	面积 （hm²）	比例 （%）	α 指数	β 指数	γ 指数
人口密度 （人/km²）		−0.423	−0.369	−0.486	**−0.703***	−0.290	−0.383	0.099	0.051	0.116
人均 GDP （元/人）		0.361	0.191	−0.388	**−0.689***	0.488	0.139	**0.686***	**0.706***	**0.681***
地均 GDP （亿元/km²）		−0.308	−0.335	−0.418	**−0.695***	0.100	−0.320	0.475	0.463	0.482
建筑密度 （万m²/km²）		−0.454	−0.357	−0.498	**−0.678***	−0.333	−0.394	−0.042	−0.093	−0.023
高层建 筑面积 （m²）	8层 以上	0.073	−0.117	−0.306	**−0.655***	0.504	−0.105	**0.810****	**0.820****	**0.808****
	16层 以上	−0.154	−0.274	−0.333	**−0.665***	0.569	−0.221	**0.827****	**0.838****	**0.826****
	30层 以上	−0.109	−0.248	−0.297	**−0.640***	0.660	−0.189	**0.847****	**0.866****	**0.841****
高层建 筑面积 比例 （%）	8层 以上	0.048	−0.121	−0.375	−0.610	0.188	−0.128	0.655	0.640	0.659
	16层 以上	−0.141	−0.302	−0.413	**−0.743***	0.316	−0.225	**0.755***	**0.732***	**0.762***
	30层 以上	0.023	−0.168	−0.264	−0.630	0.662	−0.110	**0.855****	**0.870****	**0.851****
道路网面密度 （km/km²）		−0.452	−0.328	**−0.648***	**−0.809*****	−0.426	−0.431	0.035	−0.007	0.050

注："*"表示在 0.05 水平（双侧）上显著相关；"**"表示在 0.01 水平（双侧）上显著相关。

4.5 城市建成环境对生物多样性的影响机制

对应 4.3 节提出的两类城市建成环境变量——开发强度变量和生态用地变量,本节基于 4.4 节的相关分析研究结果进一步讨论这两类变量对城市生物多样性的影响机制。

4.5.1 开发强度对生物多样性的影响机制

综合上述数据分析可知,高强度的城市开发活动会对当地生物多样性造成显著影响。结果显示,人口密度、建筑密度、高层建筑面积及其比例、道路网面密度等变量对多数生物多样性变量均呈现出显著相关性,人口密度越高、建筑面积越大、建设强度越强、交通网络隔离越多,其后果是生物多样性的丧失与外来物种的入侵。经济发展水平中,地均 GDP 对多数生物多样性变量(外来入侵种除外)均呈现出显著负相关性,显示出单位面积经济产出对生物多样性具有一定的空间剥夺作用。人均 GDP 与生物多样性变量的相关性并未与地均 GDP 趋同,反而呈现出与一部分变量呈(弱)负相关关系(与高等植物、哺乳动物、鱼类),与另一部分变量呈(微弱)正相关关系(与鸟类、爬行动物、两栖动物)。地均 GDP 和人均 GDP 呈现与生物多样性变量相异的相关性或许可以带来一个假设,即经济发展与生物多样性可能并不是绝对冲突的。换言之,在上海经济经济转型的过程中,知识密集型而非劳动密集型产业的发展或将对生态环境的保护起到一定的正面作用。

进一步总结研究结果,可将上海市人类开发强度对生物多样性的影响机制理解为:人口的集聚与城市的高密度建设导致水域及湿地、耕地等野生动植物栖息的生态用地空间减少,生态系统日渐脆弱,并最终导致生态系统的可入侵性增强与生物多样性的丧失;同时,由于人口集聚强度和交通强度增加,导致物种交换愈加频繁,从而导致外来物种入侵的可能性增加。

4.5.2 生态用地对生物多样性的影响机制

1. 水网格局

城市水网是城市重要的生态廊道之一,能够为城市水环境内部及其周边的动、植物提供多种多样的栖息地,城市生态系统中的能量流、物质流和生物物种常常沿着水网进行迁移和运动。研究结果表明：网络回路较多、连通性较好、连线数量较多、水网景观节点之间的连接性也较强的水网系统对鸟类、两栖类、爬行类和鱼类的物种丰富度具有一定的正面效应，对哺乳动物物种丰富度具有负面效应，表明连接度较好的水网对鸟类、两栖类、爬行类和鱼类具有生境和廊道的作用，而对哺乳动物和外来入侵种具有一定的阻隔作用。考虑到城市生物营养级类群中的哺乳动物并不多，因此，提高水网的景观连接度仍然是对大部分物种有利的举措。提高城市水网回路的比例，增加水网中的回路数量和规模，改善水网的环通连接系统，重点增加网络中节点数量和规模，提高城市水网的通达性和节点密度，将更有利发挥河流的带状廊道生境功能，使生物物种等更顺利运动和迁移，提高城市整体的生物多样性。

2. 水域及湿地

上海位于东亚—澳大利西亚候鸟迁徙路线中段，是大量迁徙水鸟重要的中途停歇点与越冬地，因此，湿地对上海地区生物多样性的维持具有重要功能。

研究结果显示：水域及湿地面积和鸟类物种丰富度呈显著正相关。这意味着，保护好鸟类大量栖息的重点湿地并尽可能增加自然湿地的面积，对于保护上海地区鸟类生物多样性至关重要。

水域及湿地面积比例与鱼类物种丰富度呈显著正相关，这意味着，内陆河湖水系对于维持鱼类物种有着重要的作用。水域及湿地面积还与高等动物物种丰富度显著正相关，这主要是因为鸟类占据了高等动物的大部分份额，因此，与鸟类物种丰富度相关性较高的变量对于高等动物整体而言也有较好正面作用。

随着城市社会经济的发展，城市规模的扩大，上海原有的城市河道、湖泊及水塘，在填湖建房、埋河筑路等建设活动的影响下，有逐渐减少的趋势。本研究表明，要保障上海野生高等动物的物种多样性，必须尽可能保留合理规模的水域及湿地面积及其比例。

3. 耕地

作为人类活动干扰下的半自然生态系统，耕地通常被认为具有一定的生物多样性维持功能。本研究结果显示，上海的耕地面积对高等动物物种丰富度具有显著影响，耕地面积比例对（保障）生物多样性指数和（降低）外来入侵种的物种丰富度亦有显著影响，对其他单一物种的物种丰富度都有正面影响，但影响较小，相对而言对鸟类和爬行类影响略大。

纯自然状态的生境在上海等很多地区已经消失，农田成了野生动物能够接触到的最自然的栖息地。因此，加强耕地生态保护是维持和强化生物多样性保护的有力途径。

4. 林地

本研究显示，林地对大多数生物多样性变量的影响并不显著，仅有林地面积比例对外来入侵种有较显著的负面影响。这可能是因为上海地区自然林地较少，除西部数座海拔不足百米的低矮丘陵尚余维持较好自然状态的林地外，其余地区的林地均以人工林为主，且除崇明岛外面积比例较小，生物多样性维持功能有限，对本地区生物多样性难以产生决定性作用。但从生物种群维持的机制上而言，扩大森林面积，增加森林覆盖率，提升森林生态系统服务效益仍然是提高生物多样性的重要举措，但需要注意保持城市林地的野生状态，增加天然林的面积及其比例。

5. 公共绿地

本研究显示，公共绿地对大多数生物多样性变量的影响也不显著，甚至出现（偏弱的）负面影响，表明在宏观尺度下仅仅提高生态用地中的公共绿地比例并不能够有效提升整体的生物多样性，反而可能带来更多的外来入侵种。但是作为公共绿地的一部分，公园绿地的面积与生物多样性指数和大部分物种的丰富度呈现正相关，并且对哺乳动物和两栖动物有更大的显著影响，而单个公园平均面积对高等动物整体及其中的鸟类物种丰富度有更大的显著正面影响。因此，在土地资源有限的高密度城市的公共绿地建设中，应重点关注大型公园的建设。

6. 野生动物重要栖息地

野生动物重要栖息地是自然保护区外承载野生动物生存和繁殖的重要空间。本研究中，各区县的野生动物重要栖息地面积对该区县整体的高等动物物种丰富度有显著的影响，其面积比例对其中的鱼类有显著的影响，对其他物种的影响有待继续考察。

4.6 上海野生动物栖息地分布与质量及其建成环境影响机制

野生动物栖息地是生物多样性保护的研究热点之一，2015 年底递交全国人大审议的《野生动物保护法（修订草案）》特意明确增加了保护野生动物栖息地的内容，使得中国的野生动物保护从以物种保护为核心正式转变为以栖息地保护为核心。在以保护生物多样性为核心主题的城市生态空间规划中，也常将野生动物重要栖息地纳入空间管控范畴，因此，本节在区县统计单元建成环境影响机制分析的基础上进一步对上海市野生动物重要栖息地的生物多样性质量及其影响要素进行更深入的分析。

4.6.1 野生动物栖息地的自然分布特征

上海陆生野生脊椎动物资源以鸟类为主的特点决定了上海野生动物栖息地分布的主要特征。从自然分布规律来看，城市外围地区的长江口及杭州湾北岸的沿海滩涂湿地是市域最为重要的野生动物栖息地，也是上海地区最接近原生态的地区，养育着本市 70% 以上的野生动物物种。市郊的农田和林地生境也为相当数量的野生动物提供了栖息场所，林地生物多样性不断提升。2000 年以来，上海城市化发展迅速，中心城区不断外扩，破坏了部分原本适宜野生动物栖息的农田生境。与此同时，上海公园绿地建设取得了重大成就，成为野生动物的新型栖息环境（张秩通 等，2015）。

4.6.2 野生动物重要栖息地生物多样性质量及其建成环境影响

1. 生物多样性质量评价

2008 年，上海市野生动物保护管理站联合相关科研机构对 45 块野生动物栖息地开展了生物多样性调查和环境评价，调查共涉及宝山区、青浦区、闵行区、嘉定区、松江区、金山区、奉贤区、浦东新区、南汇区以及崇明县 10 个城郊区县（调查时南汇尚未并入浦东新区），共包括林地型栖息地 21 块、丘陵型栖息地 4 块、湖泊水库型栖息地 10 块，滩涂湿地型栖息地 10 块，总面积约 190 万 km^2。其中面积最大的是青浦区的淀山湖栖息地，占地 4 793.5hm^2，最小的为金山区的查山和青浦区的北干山，仅为 6.5hm^2 和 9.7hm^2。根据本书第 3 章所界定的城市多重生境类型，所调查的 45 块栖息地绝大部分属于近自然农林与水域生境，可被视为上海市域范围内承载最多野生动植物物种的地带。

　　此次调查共发现鸟类 201 种，陆生兽类 15 种，两栖爬行类动物 27 种，占上海近一半的物种种类，对城市生物多样性贡献较大。调查结果显示，从物种的总数量判断，嘉定和青浦的野生动植物栖息地最为丰富，其次是闵行、崇明、浦东、奉贤、松江和金山，而南汇和宝山的丰富度水平较低（上海市野生动物保护站，2008）。奉贤和南汇的鸟类多样性评分指数最高，崇明、宝山、金山、嘉定、松江次之，青浦、闵行、浦东最低（图 4–13）。野生动植物栖息地中哺乳类物种数量最多的是青浦区，爬行类物种数量最多的是崇明县，各区县的两栖类物种数相当（图 4–14）。

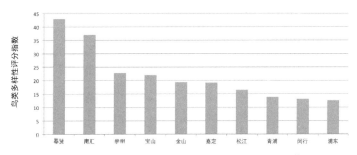

图 4–13　上海市各区县野生动物重要栖息地鸟类多样性评分指数

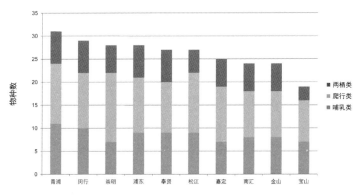

图 4–14　上海市各区县野生动物重要栖息地两栖、爬行及哺乳类物种数

---

1. 图 4–13 中鸟类多样性指数的计算方式如下：

首先根据记录的物种数量和各物种的个体数，计算出香农－威纳指数 H'：

$$H' = 3.3219 \left(\lg N - \frac{1}{N} \sum_{I=1}^{S} n_i \lg n_i \right)$$

根据香农－威纳指数计算出相应的皮洛指数 J：

$$J = \frac{H'}{H_{\max}}$$

$$H_{\max} = \ln S$$

其中，N 是记录所得的个体总数，n_i 是第 i 种物种的个体数，S 是记录所得物种的种数。

进一步可得多样性评分指数 D，$D = S \times J$，参数定义同上。

在所调查的 45 个野生动物重要栖息地中，嘉定的外冈祁迁河水源涵养林、浏岛风景林、马陆苗木基地，闵行华漕镇苏州河水源涵养林、浦江森林公园，浦东合庆高红村、青浦淀山湖是生物多样性评分最高的栖息地。宝山的顾村外环林带和松江的青青旅游世界是得分最低的两块栖息地。整体而言，远郊的滨海滩涂湿地型栖息地和淀山湖周边的湖泊水库型栖息地物种丰富度和鸟类多样性指数都较高，具有较好的质量和较高的保护价值，而近郊林地型栖息地的各类物种的丰富度以及鸟类的多样性都较低，保护价值明显下降（图 4-15—图 4-18）。

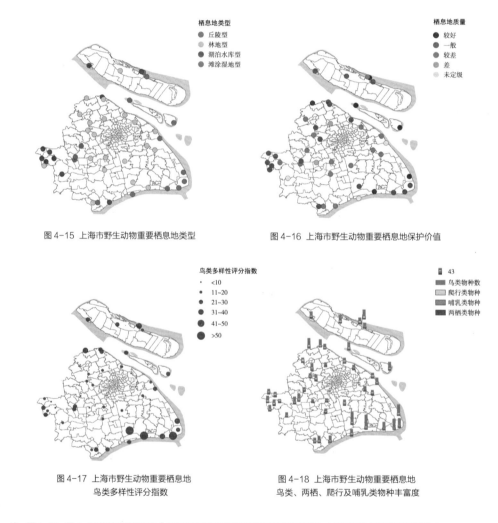

图 4-15 上海市野生动物重要栖息地类型　　　　　图 4-16 上海市野生动物重要栖息地保护价值

图 4-17 上海市野生动物重要栖息地　　　　　图 4-18 上海市野生动物重要栖息地
　　　　鸟类多样性评分指数　　　　　　　　　鸟类、两栖、爬行及哺乳类物种丰富度

注：图 4-13—图 4-18 的基础数据来自《上海重要野生动物栖息地调查与评估报告》（以下简称《调查评估报告》）。

2. 生物多样性质量的建成环境影响要素

（1）到城市中心的距离

根据《调查评估报告》中各栖息地边界参考坐标点，计算得出栖息地几何中心坐标点到上海城市坐标原点的距离。所有45个野生动物重要栖息地均位于距离城市中心13km之外，生物多样性质量随着与城市中心距离的递增而有所变化。根据栖息地的物种丰富度与其到城市中心的距离的散点图（图4-19），将栖息地分为距离市中心13 ~ 30km、30 ~ 45km、45 ~ 60km三组，即外环绿带—近郊绿环（第一圈层）、近郊绿环—远郊环廊（第二圈层）、远郊环廊—市域边界（第三圈层）。

在距离城市中心13 ~ 30km的近郊区，共有16片野生动物重要栖息地，物种丰富度集中在20 ~ 60之间不等，平均值为40；在距离市中心30 ~ 45km的远郊区，仅有9片野生动物重要栖息地，但它们整体的物种丰富度都较高（40 ~ 110），平均值为65，并且在45km处的奉贤区海湾国家森林公园还一枝独秀地拥有高达108种野生动物；而在距离市中心45 ~ 60km的市域边界地带，集聚了20片野生动物重要栖息地，大部分为滨海滩涂湿地型栖息地和淀山湖周边的湖泊水库型栖息地，物种丰富度都在30 ~ 80之间，平均值为52，比30 ~ 45km区间略有下降（图4-19）。

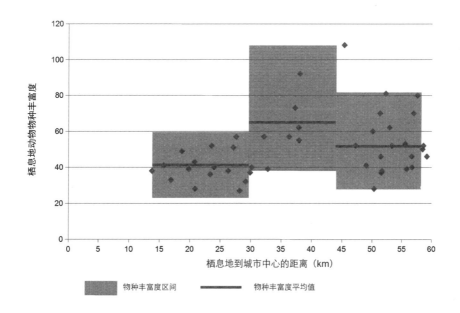

图4-19 上海市野生动物重要栖息地的动物物种丰富度与其到城市中心距离的关系图

这一规律既不符合城市生物多样性分布沿城市化梯度的中心—郊区递减的理论，也不完全符合市郊生物多样性最高的中度干扰理论。这可能是由于城市的蔓延式发展，使得上海在近郊—远郊—海陆边界的城市化梯度上，近郊区已大量被城市建成区所覆盖，野生动物栖息地虽数量众多，却被重重包围，城市建设和人类活动的近距离干扰使得野生动物重要栖息地的质量较差。而远郊地区却成为城市建成区、乡村和自然栖息地的交错地带，具有更丰富的生态环境，因此虽然只有少量重要栖息地，却有较高的物种丰富度；市域边界的滨海滩涂湿地型栖息地和湖泊水库型栖息地因生态系统类型较为单一，因此物种丰富度比远郊反而略有下降。因此"中度干扰区"在高密度的上海相比已有的实证研究案例外移了一个圈层。为防止城市进一步蔓延扩张对野生动物重要栖息地的侵蚀，在总体规划中应首先确保第二圈层和第三圈层的生物栖息空间，并在第一圈层已被侵蚀和包围的生物空间外设置缓冲地带。

（2）栖息地面积

本研究将《调查评估报告》中45块野生动物重要栖息地内的鸟类、哺乳类、两栖类、爬行类物种丰富度，鸟类香农–威纳（Shannon–Wiener）指数、皮洛（Pielou）指数、多样性评分指数，植被香农–威纳指数、皮洛指数（以上指标的计算方法可见图4–13下相关页下注）与栖息地面积进行整体和分类别的相关分析，发现林地型、湖泊水库型栖息地的面积与高等动物（除鱼类）及其中鸟类的物种丰富度、多样性变量呈现一定的显著相关。考虑到这些重要栖息地中53%的面积小于100hm^2，33%的面积小于50hm^2，整体面积原本已非常有限，在划定栖息地尤其是林地型和湖泊水库型栖息地范围时，必须保证相当的栖息地面积，以满足野生生物群落的生存和繁殖（表4–6）。

将近郊（13～30km）—远郊（30～45km）—市域边界（45～60km）三个到市中心不同距离梯度的栖息地面积分别与生物多样性数据进行相关分析，结果如下：距离市中心13～30km的16片野生动物重要栖息地的面积与高等动物（除鱼类）及其中鸟类的物种丰富度在0.01水平上显著正相关，与鸟类的多样性评分指数和香农–威纳指数分别在0.01水平和0.05水平上显著正相关。距离市中心30～45km的9片栖息地的面积与高等动物（除鱼类）及其中鸟类的物种丰富度在0.05水平上显著正相关。距离市中心45～60km的20片栖息地的面积与其生物多样性没有显著相关性。由此可见，在近郊和远郊地区划定野生动物重要栖息地时，需要特别注意栖息地的面积效应。尤其在人工建设行为已经日益侵蚀的近郊地区，要尽可能避免城市建设对栖息地规模的破坏（表4–7）。

表 4-6 上海市各类野生动物重要栖息地生物多样性与栖息地面积的相关分析（Pearson 相关）

变量			所有类型栖息地面积（hm²）	其中		
				林地型栖息地面积（hm²）	湖泊水库型栖息地面积（hm²）	滩涂湿地型栖息地面积（hm²）
物种丰富度	高等动物（除鱼类）		0.234	**0.824****	**0.676***	0.280
	其中	鸟类	0.206	**0.853****	**0.721***	0.230
		哺乳类	0.121	0.050	−0.030	0.048
		爬行类	0.097	−0.002	0.067	0.219
		两栖类	0.134	0.272	**-0.768***	−0.053
鸟类多样性	香农 – 威纳指数		0.044	0.385	0.268	−0.325
	皮洛指数		−0.041	0.015	−0.264	−0.380
	多样性评分指数		0.145	**0.779****	0.611	−0.093
植物多样性	香农 – 威纳指数		−0.117	−0.230	−0.144	0.622
	皮洛指数		−0.216	−0.087	−0.248	0.482

注：1. "*" 表示在 0.05 水平（双侧）上显著相关； "**" 表示在 0.01 水平（双侧）上显著相关。

　　2. 因淀山湖栖息地主要依赖于上海市最大的淡水湖泊，且面积与其他湖泊水库型栖息地不在同一个数量等级上，在相关分析中剔除了淀山湖栖息地的数据。

　　3. 因丘陵型栖息地仅有 4 块，样本量过少，因此不进行单独的相关分析。

表 4-7 上海市各区段野生动物重要栖息地生物多样性与栖息地面积的相关分析（Pearson 相关）

变量			距离市中心 13 ~ 30km 栖息地面积 (hm²)	距离市中心 30 ~ 45km 栖息地面积 (hm²)	距离市中心 45 ~ 60km 栖息地面积 (hm²)
物种丰富度		高等动物（除鱼类）	**0.655****	**0.705***	0.092
	其中	鸟类	**0.787****	**0.734***	0.394
		哺乳类	−0.077	−0.205	0.072
		爬行类	0.157	−0.305	0.119
		两栖类	0.149	0.384	0.146
鸟类多样性		香农－威纳指数	**0.532***	0.203	−0.262
		皮洛指数	0.315	−0.253	−0.309
		多样性评分指数	**0.775****	0.639	−0.044
植物多样性		香农－威纳指数	0.011	−0.647	0.015
		皮洛指数	0.043	0.236	0.055

注：“*”表示在 0.05 水平（双侧）上显著相关；“**”表示在 0.01 水平（双侧）上显著相关。

（3）栖息地周边城市建设的干扰

《调查评估报告》将栖息地中的用地类型和周边的用地类型分为 16 种：① 居民区（包括住宅和中小学校等）；② 商业区；③ 文教区（大学校区）；④ 农田；⑤ 工业用地（化工）；⑥ 工业用地（低污染工业）；⑦ 电厂；⑧ 滩涂；⑨（近）自然湿地（湖泊、湿地公园等）；⑩ 水库；⑪ 生态林；⑫ 苗圃；⑬ 公共绿地；⑭ 近自然林地；⑮ 公园；⑯ 度假村。本研究将 6 种周边用地类型（① ～ ③、⑤ ～ ⑦）归纳为周边城市建设活动，此类栖息地界定为受周边城市建设活动干扰较大的栖息地，其他栖息地为基本未受干扰的栖息地（图 4-20）。

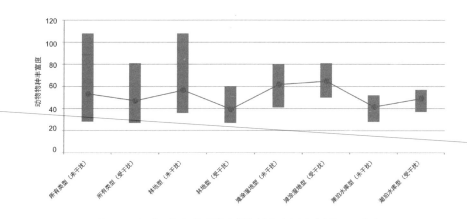

图 4-20 受干扰和未受干扰重要栖息地的动物物种丰富度波动范围和平均值

研究结果显示：整体而言，未受干扰栖息地的物种丰富度的最低值和最高值均高于受干扰栖息地，平均值也更高。其中，林地型栖息地同样显现出这一现象，且差异性更明显；但滩涂湿地型和湖泊水库型则未出现此现象，平均物种丰富度几乎相当，甚至这两类中受周边干扰的栖息地的平均物种丰富度还大于未受干扰型。这可能是由于滩涂湿地型和湖泊水库型栖息地的面积相对较大，不易受周边建设活动的干扰，而林地型栖息地面积相对较小，生物多样性质量更易受到周边影响。

4.6.3 野生动物重要栖息地的空间管控及现状分析

从城市野生动物栖息地的空间管控来看，上海在 2008 年前已建立了 4 个自然保护区（崇明东滩鸟类自然保护区、九段沙湿地自然保护区、金山三岛海洋生态自然保护区、长江口中华鲟自然保护区）、1个野生动物禁猎区（南汇东滩野生动物禁猎区）、40个遍布各个区县的以林地、森林公园为主的野生动物重要栖息地，逐渐形成了"4＋1＋40"的野生动物、野生植物保护网络，总面积超过10亿 m^2，占到上海总面积的13.25%（沈敏岚，2011）。2013年又将奉贤区纳入野生动物禁猎区，并将自然保护区和野生动物重要栖息地逐步纳入《上海市基本生态网络规划》等生态空间管控规划中进行分级保护管理。

2012年颁布的《上海市基本生态网络规划》，提出以生物多样性保护为核心目标，通过基础生态空间、郊野生态空间、中心城周边地区生态系统、集中城市化地区绿化空间系统四个层面的空间管控，维护生态底线（张玉鑫，2013）。2012年底颁布的《上海市主体功能区规划》将市域国土空间划分为都市功能优化区、都市发展新区、新型城市化地区、综合生态发展区四类功能区域，在以上四类功能区域内按照功能定位分布着呈片状或点状形式的限制开发区域和禁止开发区域，为野生动物栖息提供适宜的空间（上海市人民政府，2012）。2015年发布的《上海市生态保护红线划示规划方案》将全市生态保护红线分为自然保护区、饮水水源保护区、重要野生动物栖息地等15类生态空间，初步划定的总面积达到4 364km²，对确定的一、二级保护区分别提出分级的项目准入要求以及实施策略（上海市规划和国土资源局，2015）。

然而，在快速城市化的影响下，上海市陆生野生动植物栖息地分布破碎化程度加剧。利用Google Earth对2008年调查的45块野生动物重要栖息地的现状进行目测探查，发现浦东新区南汇地区芦潮港五七农场、高行镇生态林等栖息地已经被城市建设所侵蚀，经与《上海市基本生态网络规划》比对后发现，这两处栖息地未被纳入生态空间网络进行管控。Google Earth探查结果还显示，两处的建设行为都发生在2010年后，高行镇生态林场址的大规模建设更是在2013年后才开始，显然是规划保护与城市开发在博弈中未能有效管控的结果（图4-21）。

野生动物重要栖息地是野生动物自然保护区模式的有效补充，本书4.5.2小节已经验证了它对区域整体生物多样性的价值（其面积与高等动物物种丰富度显著正相关），因此，将城郊关键生态空间中具有野生动物重要栖息价值的片区通过法定规划纳入生态空间管控，保证其面积并最大限度减少其周边城市建设的干扰，将有助于保护和强化地区生物多样性。

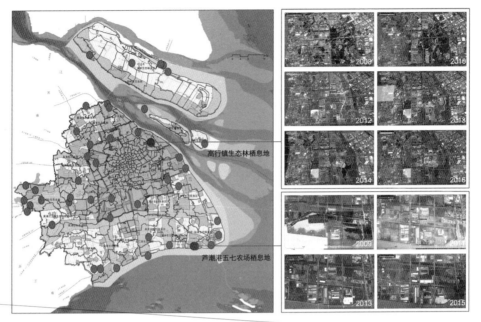

图 4-21 未纳入生态空间管控的野生动物重要栖息地遭到了城市建设的侵占

（左：45 块野生动物栖息地与《上海市基本生态网络规划》的叠加；右：高行镇生态林栖息地和芦潮港五七农场栖息地的时空演变）

4.7 本章小结

本章以上海市区县空间单元为例，分析宏观尺度下影响生物多样性的城市建成环境变量，并重点分析上海市野生动物重要栖息地的分布及质量，研究发现以下四点。

（1）**开发强度的负面影响**：人类的开发行为是对生物多样性影响最大的因素，地均 GDP、人口密度、建筑密度、高层建筑面积、道路网面密度与生物多样性指数的负相关指数都在 –0.6 以上（强负相关），部分高达 –0.8（极强负相关），对环境变化更敏感的哺乳动物和鱼类受到开发强度的影响相较于其他物种更大。大规模的开发还带来了大量的外来入侵种。宏观尺度下开发控制的本质是确立开发建设与非建设的边界，虽然非建设的土地资源并不一定用于生物多样性保育，但至少预留了空间。因此，在宏观尺度考虑生物多样性保护与提升时，首先需要考虑对人类活动所占空间配比进行一定的约束，防止人工建设无序扩张，为生物栖居留存适宜空间。

（2）**生态用地规模和比例的影响**：如果说开发强度的影响效应体现在确立人与其他生物的空间配比关系之中，那么各类生态用地的面积则直接影响生物生存的承载基质。对于上海市域而言，水域及湿地的规模对生物多样性的影响最大，其次为耕地的规模，因此在生态空间管控中需要优先考虑这两类生态用地。为了保证稳定的种群，无论是作为半自然生境的公园绿地建设，还是近自然生境的野生动物重要栖息地建设，都需要保证生境的面积效应。

（3）**水网格局的影响**：水网的回路闭合度、线点率、网络连接度，都对野生动物的栖息和迁移起到了一定的影响。宏观尺度下的生物多样性保护与提升，除了预留生物栖息保护空间以及保证生境规模之外，还需要考虑生境节点间的网络通道效应，以保证生物的迁移活动和能量流的交换。

宏观尺度下影响生物多样性的城市建成环境变量及其影响效应详见表4-8。

表4-8 宏观尺度下影响生物多样性的城市建成环境变量及其影响效应

变量维度	变量类型		变量名称		影响效应
生物基层承载要素	生态用地	用地规模	主要包括	生态用地面积（+）	面积效应
				公园面积（+） [含单个公园平均面积（+）]	
				水域及湿地面积（+）	
				耕地面积（+）	
				野生动物重要栖息地面积（+）	
			耕地 / 水域及湿地面积 / 林地 / 野生动物重要栖息地比例（+）		配比效应
		空间形态	水网格局（+）		网络效应
人工环境干扰要素	开发强度	经济发展水平	地均 GDP（−）		配比效应
		人口集聚度	人口密度（−）		
		建设开发强度	建筑密度（−）		
			高层建筑面积比（−）		
			道路网面密度（−）		

注："+"为正影响效应，"−"为负影响效应。

（4）**野生动物栖息地的生态管控**：在城市法定规划中将不同级别的野生动物栖息地纳入管控范围，是在宏观层面保障野生动物多重生境空间的有效手段。在划定野生动物栖息地时，应当重点关注城郊结合地带的残留半自然生境，保证栖息地的面积并避免周边城市建设的干扰。

5

中微观尺度下城市生物多样性与建成环境关系的实证研究——以上海市浦东新区世纪大道沿线地块为例

5.1 研究方法与数据采集

本节从研究物种、研究区域的选择及调查方法的选用三方面解析中微观尺度下城市生物多样性与城市建成环境关系实证研究的研究思路与方法,并指出相应数据的统计与分析方法。

5.1.1 研究物种——鸟类的选择

1. 鸟类是位于城市食物金字塔顶层的指征物种

如第 3 章所述,城市野生鸟类是城市野生动物的一个重要组成部分,鸟类在城市生态系统中处于食物链的高级或顶级营养级,对栖息地的组成和环境污染积累效应较为敏感。适合野生鸟类生存的环境,意味着昆虫、果实、花蜜等自然食物来源相对丰富,也意味着具有良好的植生环境。同时,鸟类特殊的生理结构使之适于长距离飞行,也可大量利用各类不同尺度的城市生境满足觅食、休憩、求偶、筑巢等生理需求。因此,作为适应生境类型广的生态位广布种和城市环境中的广谱食源典型物种,鸟类通常被作为城市生态环境的指征生物,尤其在对较小尺度的高密度城市破碎化人工化生境的研究中,具有不可替代的指示作用。

2. 鸟类在城市环境中较容易进行监测

保护和合理利用野生鸟类资源在国际上已成为一个国家和地区的自然环境、科学文化和社会文明的标志之一,由于鸟类在视觉和听觉层面易于出现在公众视野中,一般在区域生物群落基础资料中有相对更详尽的种类记载,其物种数量和丰富度相对易于监测,因此在城市生态研究中常将鸟类群落及其物种多样性作为现代城市生态健康的重要指标。

3. 鸟类是上海野生脊椎动物中数量最大的物种

上海位于东亚—澳大利西亚候鸟迁徙路线的重要中转站,鸟类资源较丰富,鸟类种数在长三角地区名列第一(图 5-1)。鸟类也是上海市最主要的野生动物类群,约占上海市野生脊椎动物物种种类总数的 80% 以上(张秩通 等,2015)。从 20 世纪初截至 2013 年,上海地区有文献记录的鸟类种类数,已达到了 20 目 70 科 445 种。而 2013—2015 年"上海市第二次陆生野生动物资源调查"(以下简称"二调")共调查记录到鸟类 219 种 227 619 只,据此推算,全市每年共栖息各种鸟类 460 多万只。其中,候鸟约占 80%，包括旅鸟（37%）、冬候鸟（29%）和夏候鸟（14%），而留鸟和迷鸟分别占 14% 和 8%（金旻矣，2016）。"二调"之同步水鸟调查记录到水鸟 52 种 47 262 只，其中国家级保护鸟类 6 种 601 只、世界自然保护联盟（IUCN）受胁物种 5 种 2 267 只，并发现上海水鸟新记录 1 种。其中，横沙东滩和南汇东滩水鸟数量最多，均超过万只，崇明东滩和九段沙其次，数量 7 000 余只（上海市林业局，2016）。

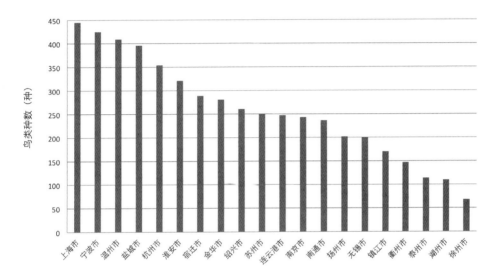

图 5-1 上海市鸟类种数与长三角其他城市的比较

数据来源：上海：上海完成全国第二次陆生野生动物资源调查之水鸟同步调查 http://www.shanghai.gov.cn/nw2/nw2314/nw2315/nw4411/u21aw1097711.html；南京：南京发布生物多样性保护现状 http://www.jiangsu.gov.cn/gzdt/201505/t20150523_386811.html；无锡：无锡野生动物资源初步清单亮出——鸟类 2 年增加 15 种 http://news.jnwb.net/2013/1115/73212.shtml；徐州：田勇燕，周虹.21 世纪头十年徐州市鸟类种群变化[J].安徽农业科学,2013,(36)：13911-13913；苏州：10 种候鸟苏州首次发现——今年累计观察到 254 种 http://js.people.com.cn/n2/2016/0601/c360304-28438726.html；南通与连云港：吴剑峰等.南通和连云港沿海地区鸟类群落组成及分析[J].湖北农业科学,2012,51（22）：5126-5130；淮安：淮安有鸟类 321 种 http://news.hynews.net/ha/2015-04-21/93362.html；盐城：盐城市民爱鸟护鸟的意识强——救助鸟类队伍日益壮大 http://js.ifeng.com/yc/news/detail_2015_09/15/4350124_0.shtml；扬州：扬州共有多少种野生动植物？ 动物中鸟类是"主角" http://www.yznews.com.cn/news/2015-03/03/content_5478194.htm；镇江：王海珍，陈加兵.镇江市野生动物保护管理现状及对策[J].绿色科技,2014,(8)：62-63；泰州：王洁等.泰州地区鸟类多样性调查[J].南京师大学报（自然科学版）,2015,（2）：116-121；宿迁：春眠不觉晓——宿迁的野生动物越来越多了！ http://www.suqian.gov.cn/sqlyjwz/snlhxwdt/201503/fea37d04eb644af49cdf602430cd36dc.shtml；杭州：丁平等.杭州市陆生野生动物资源[J].中国城市林业,2008,6（4）：62-71；宁波：宁波有记录的鸟类达 425 种——市民可去哪儿观鸟？http://zj.zjol.com.cn/news/316918.html；温州：林官乐等.温州市陆生野生动物资源利用现状及管理对策[J].华东森林经理,2014,（4）：31-33；湖州：董梁.200 余种野生动物 1334 种野生植物 湖州野生动植物资源你知多少[N].湖州晚报,2016-04-15；绍兴：绍兴市林业局.绍兴市鸟类资源调查报告[R].2012；金华：胡敏霞.让我们一起保护野生鸟类[N].今日婺城,2015-04-17；衢州：熊胜等.衢州市野生动物驯养繁殖及经营利用现状与对策[J].华东森林经理,2014,（3）：15-17；常州市、嘉兴市、舟山市、台州市、丽水市未找到数据。

4. 现有鸟类研究的不足

现有研究主要针对近自然与半自然生境，缺少对城市居民接触最紧密的半人工休闲绿化生境中的鸟类多样性的研究。上海各区县最常见的鸟类约有 60 种，主要分布在上海大都市区的城镇公园绿地生境、湿地生境、农田生境和低山丘陵生境中（郑文勤，2011）。城市鸟类及其生境历来是上海城市生物多样性研究的重点，栾晓峰（2003）对城市湿地、林地、农田、公共绿地四种生境的鸟类群落及其栖息环境做了较深入的比较研究，唐仕敏等（2003）、葛振鸣等（2005）、陆祎玮等（2007）、袁晓等（2011）、杨刚等（2015）分别对长风公园、龙华公园、人民公园、大宁灵石公园、中山公园、延中绿地、上海植物园、世纪公园、外环线绿地、静安公园、上海动物园、滨江森林公园的野生鸟类进行调查，并运用聚类分析、回归分析和相关性分析等统计方法分析了影响鸟类群落结构和多样性的环境因子，但相关研究多集中于相对面积较大的近自然和半自然生境，而对城市居住区、商务商业区、科教文化区等典型的高密度城区不同用地类型中的半人工休闲绿化生境中的鸟类多样性及其建成环境的影响研究较少。

5.1.2 研究区域的选择

本章选择上海市浦东新区世纪大道沿线作为研究区域。世纪大道西起东方明珠，东至世纪公园，是一条连接城市两大地标节点的轴线。研究调查范围包含世纪大道从小陆家嘴地区到杨高路路段两侧 100m 及完整街坊的范围，以及锦绣路沿线与世纪公园对街的街坊，共计 54 个地块，其中 3 个地块正在施工，实际调研地块 51 个（图 5-2）。研究区域包含浦东新区小陆家嘴金融贸易区、新上海商业城、竹园商贸区、花木行政文化中心，夹杂以东昌小区、东园一村、崂山三村及四村、乳山二村及三村为代表的多层商住区以及锦绣路沿线的陆家嘴中央公寓、联洋新苑、天安花园、华丽家族花园等中高层住区，总面积 4.60km²，其中可建设用地总面积 4.57 km²，水域面积 0.3 km²（图 5-3）。

选择该区域的原因在于：该区域位于城市中心地区，交通便利，便于调研和观测；该区域土地使用类型多样，按照《上海控制性详细规划技术准则》（2016 年修订版），主要为居住用地（20.22%）、公共设施用地（27.45%）、道路及广场用地（29.51%）、绿化用地（14.79%）、公共设施备建用地（6.72%）等，公共设施用地中包括行政办公用地、商业服务业用地、文化用地、商业办公用地、教育科研用地等，体现出典型的城市中心区用地结构（图 5-4，图 5-5），对于研究不同土地使用类型及其建成环境空间格局对生物多样性的影响机制，具有一定的典型性。

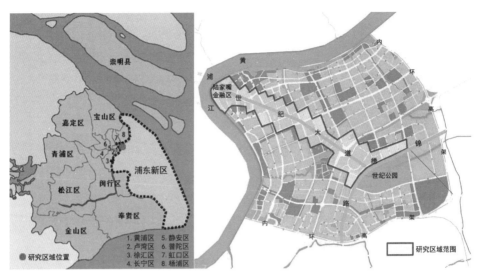

图 5-2 中微观尺度下研究区域的位置示意图

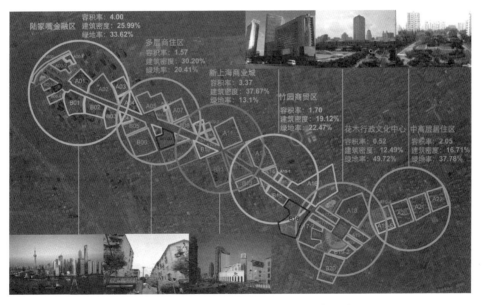

图 5-3 中微观尺度下研究区域的分区及其开发强度指标示意

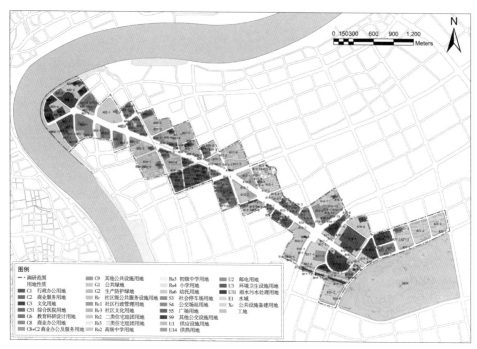

图 5-4 中微观尺度下研究区域的土地使用现状

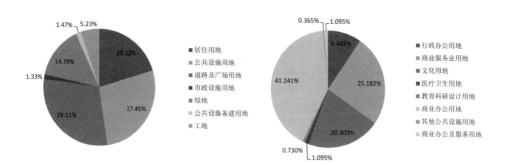

图 5-5 中微观尺度下研究区域各类土地使用的比例

（1）生境类型多样

研究区域的生境主体是以居住区、商务区、商业区内的集中绿地或宅间绿地为主的半人工休闲绿化生境，此外还包括黄浦江畔河漫滩地、张家浜水域等近自然生境，世纪公园、陆家嘴中央绿地、豆香园、明珠公园等半自然公园绿地生境，甚至还有一片位于上海科技馆停车场旁的湿地生境，这里是花木行政文化中心的公共设施备建用地之一，在科技馆和东方文化中心建成后未被及时启用，经过 10 多年的自然演替形成了上海中心区内少见的自然湿地。另外由于世纪大道横切入既有的城市空间肌理，在大道两侧形成了一系列大小不等的三角形临时街头绿地，这些种类多样的生境为各种鸟类提供了觅食的来源和栖居的场地，也成为整个研究区域中鸟类活动的潜在空间（图 5-6）。

（2）连续成片街区

国内外现有的类似研究多在城市的不同区位梯度选择若干不同类型的用地断面进行调研和分析，研究结果极易受到样地周边条件不同的干扰。本研究以连续成片的城市街区为样地，可以更客观地呈现鸟类生物多样性的连续分布规律。此外，样地所涉及的六人片区呈现明显的城市空间集聚密度梯度层级（图 5-7），也有助于测评不同密度梯度区段对生物多样性的连续影响。

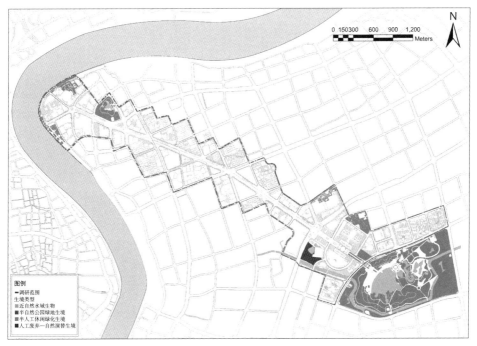

图 5-6 中微观尺度下研究区域的各类生境类型

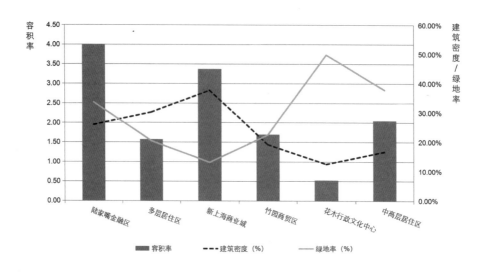

图 5-7 中微观尺度研究区域六大片区的容积率、建筑密度与绿地率梯度

5.1.3 调查方法

1. 鸟类调查

参考环保部 2014 年发布的《生物多样性观测技术导则—鸟类》（原环境保护部，2014）的鸟类调查方法，将研究区域共分为 5 个调查片区，每片区设 10 ~ 25 个固定调查样点，设立一条鸟类调查样线，调查样线涵盖地块内的主要生境、景观和植被类型（图 5-8）。调查时间为 2014 年 11 月—2015 年 10 月，每月上旬调查一次；为尽可能减少人车出行活动对鸟类活动的干扰，并根据鸟类活动规律，一般选择在天气晴朗的周末清晨。根据日出时间确定调查时间为冬季 7:00—10:00，春、秋季 6:30—9:30，夏季 6:00—9:00。调查时，以 1.5km/h 的行进速度前进，根据样点的规模及生境特质在每个样点停留 5 ~ 20min 不等，使用 8 ~ 10 倍的双筒望远镜，以样线为中心分别记录两边各 25m 范围内看见和听见的野生鸟类的种类、数量、行为、微生境以及周边 25m 范围内可见的人员活动情况和车辆干扰情况（笼养鸟记录在表，但不纳入生物多样性变量的计算）。鸟类行为分为飞行、觅食、鸣叫、休息等。鸟类被发现时所处的微生境分为林木、灌丛、草地、建筑物 / 构筑物、水体、道路、硬地等类型。

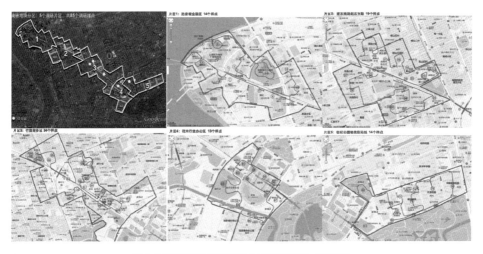

图 5-8 研究区域鸟类调查样地分区与调查样点、样线设置

2. 植被调查

在 2016 年 4—6 月，采用全面调查的方法进行研究区域的植被调查，植被元素的调查以道路划分的地块单元为一级空间单元，并参照用地分界标识或绿地的养护管理单元划分为二级调研单元。零星绿地可单独划分为一个调研单元。每个调研单元中的植物按照类型要求分别调查记录。调查元素的本底资料属性包含绿地名称、调研人员、调研时间等，在调查中分别记录乔木、灌木、地被植物的种类、名称、大小、数量、胸径、蓬径、冠幅、面积、高度等。

5.1.4 数据统计与分析方法

1. 鸟类群落与物种多样性数据计算

根据现场实测调查所记录的鸟类数量和分类数据，计算每个地块的鸟类个体数量、物种丰富度、多样性指数和均匀度指数。

个体数量（Individual Number）指调研时段在研究区域内观测到的鸟类个数。

物种丰富度（Richness of Species）指研究区域内记录的鸟类的种数（含亚种），用于表征野生动物的多样性。

多样性指数（Diversity）指应用数理统计方法求得表示生物群落的种类和数量的数值，本研究采用香农－威纳指数进行计算，即

$$H' = -\Sigma\left(P_i\right)\left(\lg P_i\right)$$

其中，P_i 为物种 i 的个体数量与所有物种总数之比。

均匀度指数（Evenness）用以描述物种中的个体的相对丰富度或所占比例，采用皮洛公式进行计算：

$$J = H'/H_{max}$$

其中，H' 同上，$H_{max} = \ln S$，S 为物种数。

优势度指数（Superiority）用以表示优势物种在群落中的地位与作用。采用辛普森（Simpson）公式进行计算：

$$C = \Sigma\left(P_i\right)^2$$

其中，P_i 同上。

优势种按遇见率指数 P_i 计算，大于 10% 为优势种，1%～10% 之间为常见种，小于 1% 为稀有种，依次用 "+++"、"++" 和 "+" 表示。

2. 植被数据计算

根据现场调查，分别计算植被的乔木、灌木、地被的覆盖面积、覆盖比例、种类与高度。

乔木的覆盖面积按照以下公式计算：

$$A_t = \Sigma\, a_t, \quad a_t = \left(D_t/2\right)^2 \times \pi \times N$$

其中 D_t 为第 t 种乔木的平均冠幅，N 为植株数。

灌木的覆盖面积按照以下公式计算：

$$A_s = \Sigma\, a_s + \Sigma\, a_{s'}, \quad a_s = \left(d_s/2\right)^2 \times \pi \times N$$

其中 a_s 为第 s 种灌丛植被的面积，$a_{s'}$ 为第 s' 种灌球的面积，$d_{s'}$ 为第 s' 种灌球的蓬径，N 为植株数，单株灌球与灌丛投影面积重合时不另作计算。

地被的覆盖面积按照以下公式计算：

$$A_h = \Sigma\, a_h,$$

其中 a_h 为第 h 种地被的面积。

植被种类的分类和统计参考《中国植物志》在线版 http://frps.eflora.cn/，分别统计常绿乔木、落叶乔木、所有乔木、常绿灌木、落叶灌木、所有灌木、地被的类别，以"种"为单位记录。

分别统计乔木和灌木的平均高度和最高高度，乔木的平均高度按照以下公式计算：

$$H_t=\Sigma\ (a_t\times h_t)\ /\Sigma\ h_t$$

其中 h_t 为第 t 种乔木高度，a_t 同上。

灌木的平均高度按照以下公式计算：

$$H_s=[\Sigma\ (a_S\times h_s)+\Sigma\ (a_{s'}\times h_{s'})\ ]/\ (\Sigma\ h_s+\Sigma\ h_{s'})$$

其中 h_s 为第 s 种灌丛植被的高度，$h_{s'}$ 是第 s' 种单株灌球的高度，a_s，$a_{s'}$ 同上。

3. 城市建成环境数据计算

依托上海市浦东新区规划设计研究院提供的研究区域 AutoCAD 地图和浦东绿地现状 shape 文件，结合实地勘探后的图纸修正，提取各地块的建筑基底、建筑层高、绿地基底、水体基底以及地块和道路边界等图形信息，导入 ArcGIS 软件后分别计算各地块单元的用地面积、建筑面积、建筑密度、容积率、绿地率、水面率、绿地和水体边缘/面积比等变量，并根据陆家嘴集团提供的陆家嘴金融区高层建筑数据进行校正。将 ArcGIS 中提取的绿地斑块转化成 Grid 格式（网格大小 1m×1m）并导入美国俄勒冈州立大学开发的景观结构定量分析软件 Fragstats 4.2，在斑块类型水平上计算景观指数作为空间形态格局变量。

4. 统计分析计算

利用 Microsoft Excel 和 IBM SPSS Statistics 19.0 统计分析软件，通过对鸟类群落结构参数与建成环境参数进行标准化转化，并通过相关分析（Correlation），探讨城市建成环境对鸟类物种多样性的影响机制。

5.2 鸟类群落及其结构分析

本节分析了中微观尺度研究区域所记录到的鸟类群落的数量和结构特点，与上海世纪公园的鸟类群落结构进行比较，并探讨了研究区域内不同生境用地以及各类用地中不同空间格局中的鸟类群落结构的差异性。

5.2.1 鸟类群落特点

调查共记录到鸟类 11 304 只次，其中野生鸟类 10 244 只次，13 只因观察时间过短而未能鉴别，其余 10 231 只次根据《中国鸟类分类与分布名录》，隶属 8 目 25 科 47 种[1]。其中留鸟 20 种，旅鸟 11 种，冬候鸟 9 种，夏候鸟 4 种，繁殖鸟类（留鸟和夏候鸟）与非繁殖鸟类（冬候鸟和旅鸟）各占总数约 52% 和 48%（详见附录 2）。在所调查到的鸟类中雀形目鸟类最多，共 38 种，仅此一目就占总数的 81%，其中鹟科（9 种）、鸫科（4 种）、莺科（3 种）、燕雀科（3 种）等小型鸣禽科鸟类较多，其余科的鸟种数都在 2 种以下。上海市重点保护鸟类 6 种。

由于上海地处东洋界的北缘，与古北界相毗邻，特殊的地理位置决定了上海地区的鸟类种群结构中留鸟和夏候鸟种类贫乏，而冬候鸟和旅鸟众多。栾晓峰等（2003）对上海市域四类生境以及唐仕敏等（2003）对市区大型公园绿地的野生鸟类调查均显示，繁殖鸟类少于非繁殖鸟类，其中大部分为冬候鸟和旅鸟。而本研究所调查区域为有着多样化土地使用类型和生境类型的高密度城市中心区，并非候鸟迁徙的必经路径，调查结果显示繁殖鸟类与非繁殖鸟类几乎各占一半，其中又以留鸟占绝对主导地位，呈现出与整个市域范围不同的鸟类群落结构特征（图 5–9，附录 2）。

从单个鸟种的优势度来看，优势鸟种共 3 种，依次为麻雀（*Passer montanus*）、白头鹎（*Pycnonotus sinensis*）和乌鸫（*Turdus merula*），3 种优势种占总数量的 2/3 左右；7 种常见种依次为珠颈斑鸠（*Streptopelia chinenesis*）、夜鹭（*Nycticorax nicticorax*）、灰喜鹊（*Cyanopica cyana*）、棕头鸦雀（*Paradoxornis webbianus*）、普通海鸥（*Larus canus*）、白鹡鸰（*Motacilla alba*）、棕背伯劳（*Lanius schich*），数量占总数量的

---

1. 鸟种的目科属分类与排序有不同的方式，如按照以分子生物学分类和排序的《中国鸟类野外手册》（2000 年版），研究区域调查记录的 47 种鸟类隶属 6 目 19 科，而上海市的大部分相关研究多以郑光美教授的分类法为依据，为保证可比性，故本书亦以郑版分类法为依据。

图5-9 研究区域鸟类种类（数字表示数量最多的10种鸟）

25%左右。优势度最高的10种鸟类中，除了普通海鸥和白鹡鸰外均为上海市的留鸟，其余37种鸟类均为优势度小于1%的稀有种，数量仅占总数的10%不到（图5-10）。由此可见，以半人工休闲绿化生境为主的研究区域，呈现出鸟类群落结构的高度单一化。

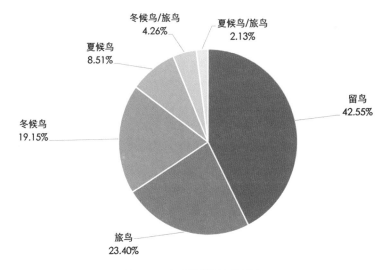

图5-10 研究区域鸟类居留型比例图

5.2.2 鸟类总数量、鸟种数和优势种的季节变化

从四个季节的鸟类群落特征来看，分别为春季 38 种，夏季 26 种，秋季 30 种，冬季 35 种，鸟类群落结构呈现一定的季节变化。研究中所记录的鸟类总数量和鸟种数在 3 月达到最高峰，8 月降至最低，且鸟类数量与鸟种数的 Pearson 相关系数高达 0.945（在 0.01 水平双侧显著相关），显示出鸟类数量和种数在各季节的变化基本一致（图 5-11）。麻雀、白头鹎、乌鸫在四个季节均为优势种，除它们外，夜鹭是夏季的优势种，而秋季的优势种中增加了珠颈斑鸠的身影。

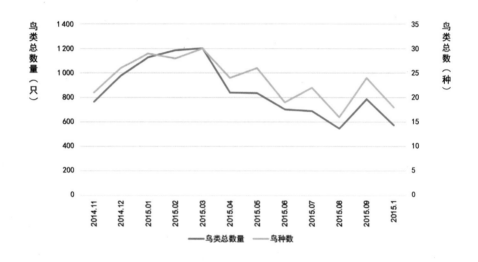

图 5-11 研究区域鸟类总数量与鸟种数的季节变动

5.2.3 研究区域与上海世纪公园的鸟种群落对比

根据上海市野生动物保护站、上海市野生动植物保护协会鸟类专业委员会和上海世纪公园管理处提供的监测报告，历年在世纪公园监测到的鸟种数共有 67 种，其中 38 种与研究区域发现的鸟种重合，研究区域内发现的普通海鸥、栗耳短脚鹎（*Ixos amaurotis*）、鹊鸲（*Copsychus saularis*）、黄眉姬鹟（*Ficedula narcissina*）、中华攀雀（*Remiz consobrinus*）、纯色山鹪莺（*Prinia inornata*）、白腰文鸟（*Lonchura striata*）、金翅雀（*Carduelis sinica*）、黄喉鹀（*Emberiza elegans*）9 种鸟在世纪公园的监测报告中未被记录，除依赖于滨江地区生存的普通海鸥外，其余 8 种鸟均为研究区域中的稀有种，

某些只记录到不超过5只,其中中华攀雀(1只)、纯色山鹪莺(4只)、白腰文鸟(37只)、黄喉鹀（10只）仅出现在属于人工废弃—自然演替生境的科技馆小湿地及其周边,栗耳短脚鹎(4只)、黄眉姬鹟(1只)仅出现在明珠公园,金翅雀(2只)仅出现在上海科技馆地铁站旁绿地。而其他数目较多的鸟种绝大部分也出现在世纪公园,并且世纪公园的优势种与研究区域基本一致。作为研究区域周边最大的城市绿地,可以基本判定世纪公园是区域鸟类最重要的"源"生境,对周边地区的鸟类物种多样性有一定的向外扩散作用。这在后续研究中将得到进一步验证。

5.2.4 不同生境用地的鸟种群落结构比较

1. 鸟种数与繁殖鸟种比例

将研究区域不同生境类型与不同用地承载的鸟种数量、繁殖鸟种比例、多样性指数、均匀度指数和优势度指数进行分析比较,可以发现各类用地中的鸟种群落结构各有差异(图5–12,图5–13)。

（1）研究区域所涉及的三类主要生境中,公园绿地生境鸟种数最多,共计6目20科39种;其次是附属绿地构成的休闲绿化生境,为3目16科33种;湿地生境的鸟种数虽只有29种,但涉及5目17科,且稀有鸟种更多。三类生境的繁殖鸟种（留鸟与夏候鸟）比例均大于50%。湿地生境的多样性指数和均匀度指数均大于公园绿地生境,而优势度指数最小。休闲绿地的多样性指数最低,优势度指数最高,均匀度指数除道路广场用地外都较低,显示出其鸟类结构相对更单一。

（2）休闲绿化生境中,鸟种数量:居住用地（3目16科31种）>公共设施用地（3目14科22种）>道路广场用地（3目14科16种）的特征;三类用地的繁殖鸟种（留鸟与夏候鸟）比例均大于50%,道路广场用地(81.25%)>公共设施用地(59.09%)>居住用地(51.61%)。多样性指数:道路广场用地(S)>居住用地(R)>公共设施用地(C),均匀度指数:道路广场用地(S)>居住用地(R)>公共设施用地(C),优势度指数:公共设施用地(C)>居住用地(R)>道路广场用地(S),显示人类干扰程度越大,鸟种群落结构越单一。

（3）在居住用地中,多层住宅为主的二类住宅组团用地（R2）虽然容积率低于高层住宅为主的三类住宅组团用地（R3）,但其附属居住绿地鸟种却更加单一,多样性指数和均匀度指数也更低,优势度指数较高;基础教育设施用地（Rs）中的鸟种数比前两者更少,而繁殖鸟种比例远高于二、三类住宅组团用地,多样性指数和优势度指数居于两类住宅组团用地之间，均匀度指数与三类住宅组团用地基本一样。

（4）公共设施用地中的鸟种数由多到少依次为：文化用地（C3）＞商务办公用地（C8）＞商业服务业用地（C2）＞教育科研设计用地（C6）＞行政办公用地（C1）；而繁殖鸟类在公共设施用地中的比例普遍高于其他用地，甚至在教育科研设计用地中发现的鸟类全部为留鸟。多样性指数：文化用地（C3）＞教育科研设计用地（C6）＞行政办公用地（C1）＞商务办公用地（C8）＞商业服务业用地（C2）。均匀度指数则以行政办公用地（C1）和教育科研设计用地（C6）最高，文化用地（C3）次之。商务办公用地（C8）和商业服务业用地（C2）的多样性指数和均匀度指数最低，而优势度指数最高。这是因为文化用地、教育科研设计用地和行政办公用地一般在其内部或出入口处设有一定规模的绿地，而商务办公用地和商业服务业用地的附属绿地规模较小且受到人工干扰更多，因此文化用地、教育科研设计用地、行政办公用地更能吸引鸟类休憩与觅食。由此体现出人工环境属性越高，鸟类优势种的比例越大，即鸟种群落结构越单一化的趋势。

（5）各类绿地的繁殖鸟种比例无明显差异，基本在50%上下，而生产防护绿地的鸟种数明显少于前两者；街头绿地尤其是沿河岸的绿地，由于处于两种生境的交错地带，鸟种数、多样性指数、均匀度指数反而比公园更高，其多样性指数也大于生产性防护绿地。各类绿地的优势度指数基本一样。

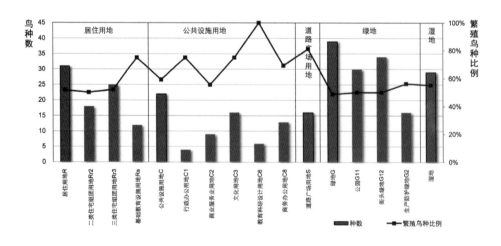

图 5-12 研究区域不同用地中的鸟种数量与繁殖鸟种比例比较

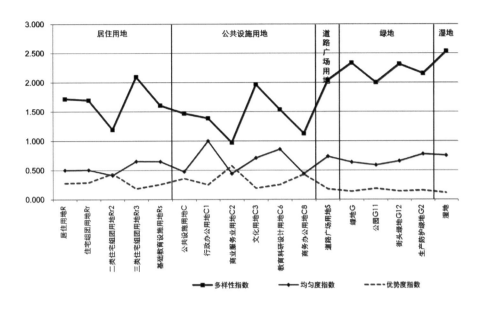

图5-13 研究区域不同用地中的鸟类多样性指数、均匀度指数和优势度指数比较

2. 优势种与常见种

从单个鸟种的优势度来看，湿地生境中的优势种与其他两类生境（半自然公园绿地生境、半人工休闲绿化生境）略有不同。公园绿地和半人工休闲绿化生境的居住用地和公共设施用地中，除了麻雀、白头鹎均为优势种，其他的优势种和常见种在各类用地中虽然各不相同，但半人工休闲绿化生境各类用地中的优势种全部为留鸟，包括乌鸫、珠颈斑鸠、夜鹭、棕头鸦雀等，常见种也以留鸟为主，如灰喜鹊、丝光椋鸟、大山雀、棕背伯劳等。生产防护绿地的优势种与常见种也和其他用地不同，优势种中除了乌鸫和灰喜鹊两种留鸟外，也有斑鸫（*Turdus naumanni*）这种冬候鸟，常见种中也出现了白眉鸫（*Turdus obscurus*）、树鹨（*Anthus hodgsoni*）、虎斑地鸫（*Zoothera dauma*）、白腹鸫（*Turdus pallidus*）这些冬候鸟和旅鸟。

由此可见，湿地生境和生产防护绿地生境吸引的鸟种和其他用地不同，对城市中心区鸟类物种多样性的特殊价值。具体参见表5-1。

表5-1 研究区域不同用地中的优势种和常见种鸟类

	居住用地 R	其中			公共设施用地 C	其中			道路广场用地 S	绿地 G	其中			湿地(公共设施备建用地 Xc)
		二类住宅组团用地 Rr2	三类住宅组团用地 Rr3	基础教育设施用地 Rs		商业服务业用地 C2	文化用地 C3	教育科研设计用地 C6			公园 G11	街头绿地 G12	生产防护绿地 G2	
鸟种	31	18	25	12	22	9	16	6	16	39	30	34	16	29
优势种	麻雀、白头鹎、乌鸫	麻雀、乌鸫、白头鹎	白头鹎、麻雀、乌鸫、珠颈斑鸠	麻雀、白头鹎、乌鸫	麻雀、白头鹎	麻雀、白头鹎	麻雀、白头鹎、乌鸫	白头鹎、灰喜鹊、麻雀、珠颈斑鸠	白头鹎、麻雀、乌鸫、珠颈斑鸠	麻雀、白头鹎、乌鸫、夜鹭	夜鹭、麻雀、乌鸫、白头鹎	白头鹎、麻雀、乌鸫	乌鸫、灰喜鹊、珠颈斑鸠	麻雀、白头鹎、棕头鸦雀
常见种	珠颈斑鸠、灰喜鹊、棕头鸦雀、丝光椋鸟、白鹡鸰	乌鸫、珠颈斑鸠、灰喜鹊	棕头鸦雀、灰喜鹊、丝光椋鸟、白鹡鸰、黄眉柳莺、大山雀	珠颈斑鸠、白鹡鸰、棕背伯劳、白腹鸫、大山雀	乌鸫、珠颈斑鸠、白鹡鸰、灰喜鹊	珠颈斑鸠、黄眉柳莺、乌鸫、白鹡鸰	珠颈斑鸠、白鹡鸰、夜鹭、家燕、班鸫、棕头鸦雀、灰喜鹊	乌鸫、棕背伯劳	棕头鸦雀、灰喜鹊、棕背伯劳、八哥、白鹡鸰、大山雀、家燕、北红尾鸲	珠颈斑鸠、普通海鸥、灰喜鹊、棕头鸦雀、白鹭、班鸫、棕背伯劳、白鹡鸰	珠颈斑鸠、棕头鸦雀、棕背伯劳	珠颈斑鸠、夜鹭、灰喜鹊、白鹭、棕背伯劳、黄眉柳莺、白鹡鸰、白腹鸫	珠颈斑鸠、麻雀、白头鹎、白眉鸫、树鹨、虎斑地鸫、棕背伯劳、白腹鸫	乌鸫、黑水鸡、灰喜鹊、白腰文鸟、珠颈斑鸠、班鸫、八哥、小鹀鹃、棕背伯劳、小鹀鹃、夜鹭

5.2.5 半人工休闲绿化生境不同空间格局的鸟类群落结构比较

城市绿地空间格局的变化对鸟类群落有着明显的影响。绿地与建筑的空间格局，一定程度上决定了该绿地的规模、连通性以及由人类使用频率所带来的干扰程度。因此本研究进一步分析了不同用地中各类绿地—建筑空间格局模式下鸟种群落的差异，为绿地的合理布局提供依据。以半人工休闲绿化生境各类用地中样点所处的绿地生境与建筑的关系为依据将样点生境分为以下 4 种空间格局模式（图 5-14）。

（1）多层居住区（Rr2）：中心绿地（Rr2C）、宅间绿地（Rr2H）、沿街绿地（Rr2S）；

（2）高层居住区（Rr3）：中心绿地（Rr3C）、宅间绿地（Rr3H）、沿街绿地（Rr3S）；

（3）商务区（C8）：中心绿地（C8C）、周边绿地（C8B）、入口绿地（C8E）；

（4）商业区（C2）：中心绿地（C2C）、周边绿地（C2B）。

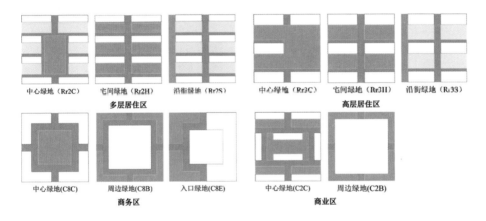

图 5-14 半人工休闲绿化生境各类用地中绿地—建筑空间格局图示

将样点按照上述 11 类绿地空间类型进行分类，分析结果（图 5-15，图 5-16）发现：在居住区中，高层居住区中心绿地（Rr3C）的鸟种数和多样性指数远大于其他各类，且繁殖鸟种比例最小，优势度最低，均匀度指数第二高，鸟类群落结构最丰富；而高层居住区的宅间绿地（Rr3H）虽然均匀度指数最高，但鸟种数最小且繁殖鸟种比例最高。多层居住区的宅间绿地（Rr2H）的鸟种数量在居住用地的各类绿地空间类型中位居第二，但多样性指数、均匀度指数都最低，优势度指数最高，即鸟种集中于麻雀、白头鹎等几种优势种。由此可见，高强度开发并非一定会对鸟种群落及其多样性带来绝对的负面影响，在开发强度同样较高的情况下，具有面积较大的集中式中心绿地的居住区可以具有相对更高的鸟类物种多样性。

商务区中，鸟种数和多样性指数呈现出中心式绿地（C8C）＞周边式（C8B）＞入口式（C8E）的规律，繁殖鸟种比例以周边绿地最高（100%），各类绿地的均匀度指数和优势度指数变化不大，优势度指数接近多层居住区的中心绿地。中心式绿地同样在支持鸟类物种多样性中体现出一定的优势。

　　商业区的鸟种数和优势度指数呈现出中心式绿地（C2C）＞周边式（C2B）的规律，多样性指数和均匀度指数则呈现出周边式绿地＞中心式的规律。由于商业区绿地的面积规模都偏小，因此，不同绿地—建筑空间格局对鸟类物种多样性的影响差异不大。

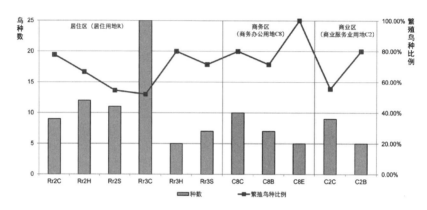

图 5-15 不同用地中各类绿地—建筑空间格局的鸟种数量与繁殖鸟种比例比较

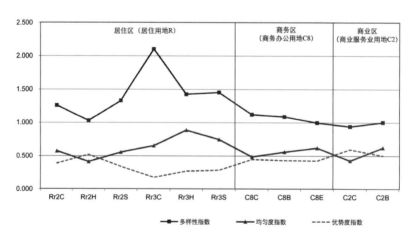

图 5-16 不同用地中各类绿地—建筑空间格局的多样性指数、均匀度指数和优势度指数比较

在 11 类绿地空间类型中，麻雀、白头鹎是绝对的优势种，但优势度在高层居住区中明显减少，也就是说，在生态环境较优、鸟种数较多的地块中，其他鸟类在与城市优势种鸟类抢夺生态位的竞争中更有优势，因而对整体的多样性更有利（图 5-17，表 5-2）。

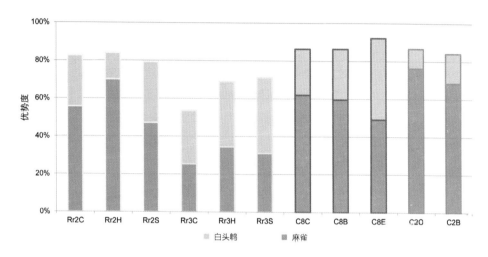

图 5-17 麻雀、白头鹎在研究区域不同生境空间类型中的优势度变化

表 5-2 研究区域不同用地中不同绿地—建筑空间关系的优势种

用地类型 \ 空间位置	中心	宅间	沿街	周边	入口
Rr2	麻雀、白头鹎	麻雀、白头鹎	麻雀、白头鹎、乌鸫	—	—
Rr3	麻雀、白头鹎、乌鸫、珠颈斑鸠	麻雀、白头鹎、灰背鸫	白头鹎、麻雀、乌鸫	—	—
C8	麻雀、白头鹎	—	—	麻雀、白头鹎	麻雀、白头鹎
C2	麻雀、白头鹎	—	—	麻雀、白头鹎	—

5.3 鸟类群落的空间生态位需求与实际微生境利用分析

本节分析鸟类群落的空间生态位需求，并与实际微生境利用进行比较，重点研究鸟类对于高密度城区特殊微生境——建筑物/构筑物的选择偏好特征。

5.3.1 鸟类群落的空间生态位需求分析

鸟类的生境选择取决于环境条件是否能为该物种提供充足的食物资源、适宜的繁殖地点、躲避天敌和不良气候的保护条件等生态位需求，从而保证鸟类的生存和繁衍（Jiang et al., 2012）。这些生境选择的偏好，其背后隐含的是生物的生态位（Niche）需求。食物资源和繁殖地点是城市野生鸟类最重要的生态位需求。根据鸟类的取食和筑巢的生活习性，可对研究区域内鸟类的食性空间和巢居空间生态位需求进行判定。

1. 食性空间生态位需求

取食是野生动物生存的第一需求，城市栖息地的复杂性也为鸟类提供了丰富的食物资源。参考王彦平等(2004)的研究，将研究区域内的鸟类按照取食集团划分为以下5种。

（1）食虫：食物以昆虫及其幼虫为主；

（2）杂食：兼食昆虫和植物材料；

（3）植食：以植物材料为食；

（4）食肉：以鸟类、蛙类、哺乳动物等脊椎动物为食；

（5）食鱼虾：以如鱼、虾等潮间带生物为食。

所记录的47种鸟类中，按鸟种数计算，比例最高的为食虫性鸟种，其次是杂食性鸟种，分别占36%和32%；而按鸟类数量计算，杂食性鸟类数量的比例高达84%，这与城市野生动物"同步城市化"（Synurbization）进化特征中杂食性动物比例较高的特征相符（图5-18）。

进一步分析发现，研究所记录的鸟种以陆地、树丛、灌丛取食性为主；而在数量上，树丛/地面层生态空间取食的杂食性鸟类比例最高，其次为地面取食性鸟类，因此，研究区域内鸟种的食性空间生态位需求主要为树丛和地面。此外，对于涉禽 [夜鹭（*Nycticorax nicticorax*）、白鹭（*Egretta garzetta*）、池鹭（*Ardeola bacchus*）] 和游禽 [小䴙䴘（*Tachybapus ruficollis*）、黑水鸡（*Gallinula chloropus*）、普通海鸥（*Larus canus*）] 等食鱼虾的水鸟而言，水体（含潮间带）是其唯一的食性空间需求（图5-19）。

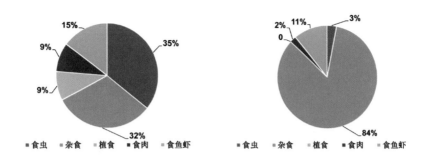

图 5-18 研究区域鸟类群落取食习性分类占比（左：以鸟种数计算；右：以鸟类数量计算）

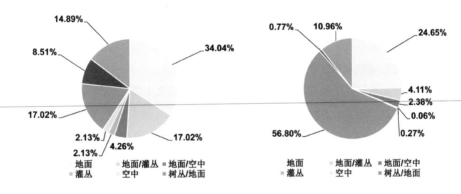

图 5-19 研究区域鸟类食性空间生态位需求（左：以鸟种数计算；右：以鸟类数量计算）

2. 巢居空间生态位需求

调查所记录的 47 种鸟类中，共有 25 种繁殖鸟类，根据繁殖鸟类筑巢环境的不同，参考陈水华等（2000）的研究，可将鸟类巢居生态位分为水面巢、地面巢、灌草丛巢、树上巢、树洞或裂隙巢、建筑物巢。

对鸟类繁殖生态位研究发现，研究区域内的繁殖鸟种以树上筑巢和建筑物筑巢最多，比例分别为 42% 和 18%，其次为灌草丛巢和树洞或裂隙巢的鸟种，均为 16%，水面巢比例仅占 8%。以数量来看，25 种繁殖鸟中，数量最多的为树上巢和建筑物巢（均占 47%），其他几类比例都小于 5%，而水面巢和树洞或裂缝巢（1%）最少（图 5-20）。由此可见，调研区域内鸟种的巢居空间生态位高度依赖林木资源和人工环境。

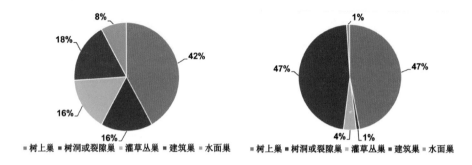

图 5-20 研究区域繁殖鸟类的巢居生态位比例（左：以鸟种数计算；右：以鸟类数量计算）

5.3.2 鸟类群落的实际微生境利用分析

1. 各类微生境的利用比例

本研究以实地调查中所记录的鸟类被发现时所处的微生境作为实际空间利用的分析要素，研究结果发现：50% 以上的鸟类出现在林木层，8.47% 位于草地层，4.22% 位于灌丛层，5% 位于水体，由于城市环境的特殊性，亦有 10.85% 位于建筑物或构筑物表面，4.41% 位于硬质铺地上，2.23% 位于道路上，树木、地面和建筑是利用最多的微生境（图 5-21）。

2. 与空间生态位需求的比较

与 5.3.1 小节的空间生态位需求比照结果显示：鸟类群落的觅食行为主要发生在林木层和草地层，硬地、水域和道路亦有一定发生频率。明确记录到的鸟类觅食行为共 11 次，涉及 8 种 36 只鸟，包括白鹡鸰（*Motacilla alba*）、白头鹎（*Pycnonotus sinensis*）、北红尾鸲（*Phoenicurus auroreus*）、黑尾蜡嘴雀（*Eophona migratoria*）、黄眉柳莺（*Phylloscopus inornatus*）、灰喜鹊（*Cyanopica cyana*）、丝光椋鸟（*Sturnus sericeus*）和棕背伯劳（*Lanius schich*），觅取的食物包括香樟果、海棠果、大叶女贞果等果实、蚯蚓等无脊椎动物以及小型鸟类等，取食空间均位于林木层和地面层。这与鸟种食性空间生态位的需求基本吻合（图 5-22）。

调查中很难发现鸟类的筑巢行为，仅在明珠公园发现数以百计的夜鹭巢，在个别住区内发现白头鹎巢和麻雀巢（图 5-23），夜鹭巢与白头鹎巢为离地 3m 以上的树枝巢，麻雀巢为建筑物孔洞巢，这部分佐证了巢居空间生态位的需求假设。

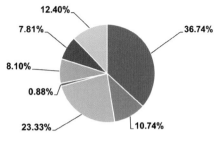

图 5-21 研究区域鸟类群落
实际微生境利用比例

图 5-22 研究区域鸟类群落觅食行为
的实际微生境分布

图 5-23 明珠公园中的夜鹭巢、梅园新村中的白头鹎巢、崂山新村的麻雀巢

3. 城市特殊微生境——建筑物 / 构筑物

除了建筑物 / 构筑物之外,其他各类微生境中鸟类飞行、觅食、鸣叫、休息行为比例相当,仅有草地和硬地的觅食行为比例略高。而建筑物 / 构筑物则主要为鸟类提供休息场地,觅食行为比例明显下降(图 5-24)。这是因为研究区域的建筑物 / 构筑物基本没有配置立体绿化,其垂直空间表面除了居民阳台的少量绿化外不具备提供食性空间的属性。

共有 15 类 994 只鸟被发现时位于建筑物或构筑物上,其中 435 只记录了楼层数,所涉及的鸟类按照数量多寡排序分别为麻雀、白头鹎、珠颈斑鸠、乌鸫等,即优势种大量将建筑物或构筑物作为停留空间。7 种常见种中,除了依赖水体生存的夜鹭和普通海鸥,其他 5 种常见种均有在建筑物或构筑物上停留的现象(表 5-3)。

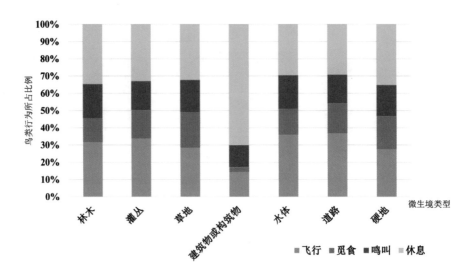

图 5-24 研究区域各种微生境空间的鸟类行为所占比例

表 5-3 研究区域建筑物生态位栖息停留的鸟种及其数量和平均停留层数

鸟种	只数	平均停留层数
麻雀 *Passer montanus*	608	4.1
白头鹎 *Pycnonotus sinensis*	186	5.7
珠颈斑鸠 *Streptopelia chinenesis*	100	4.3
乌鸫 *Turdus merula*	53	4.8
棕背伯劳 *Lanius schich*	8	4.5
八哥 *Acridotheres cristatellus*	7	5.5
白鹡鸰 *Motacilla alba*	6	5
北红尾鸲 *Phoenicurus auroreus*	6	未记录
树鹨 *Anthus hodgsoni*	5	10.4
棕头鸦雀 *Paradoxornis webbianus*	5	2
丝光椋鸟 *Sturnus sericeus*	4	2.7
大山雀 *Parus major*	3	4.5

112

表 5-3（续）

鸟种	只数	平均停留层数
灰喜鹊 *Cyanopica cyana*	1	未记录
鹊鸲 *Copsychus saularis*	1	3
喜鹊 *Pica pica*	1	未记录
合计	994	4.5

对各类用地中鸟类停留建筑物 / 构筑物微生境的数量和种类的分析结果表明：二类住宅组团用地（Rr2）建筑停留的鸟类数量最多，在这类建造时间更久、老龄化比例也更高的住区内，建筑阳台和平台种植绿化并开放的比例通常高于三类住宅组团用地（Rr3），对鸟类取食和栖居具有更大的吸引力。其次为公共绿地中的附属建筑。在鸟类物种数量方面，公共绿地最高，其次为二类住宅组团用地、基础教育设施用地和三类住宅组团用地（图 5-25）。

从停留的建筑垂直空间生态位来看，研究区域内记录到的鸟类在建筑物上停留的位置最低位于半层，最高位于 16 层，平均楼层数 4 层半，90% 以上停留在 6 层以下，尤以 5 层居多，7～16 层间鸟类停留数量基本持平，只有 12 层出现一个小高峰（图 5-26）。

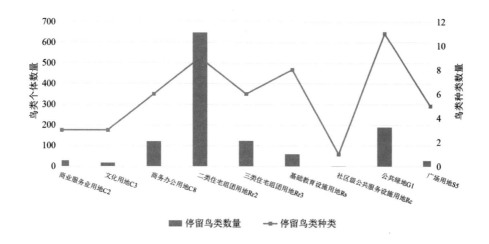

图 5-25 研究区域各类用地鸟类停留建筑物 / 构筑物微生境的个体数量和种类数量

113

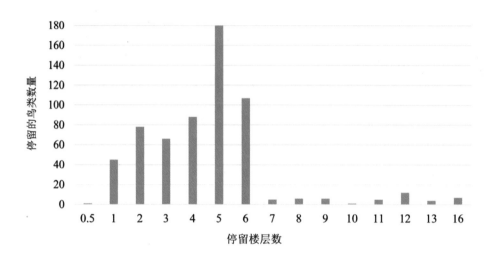

图 5-26 停留在研究区域各层建筑物微生境的鸟类数量

  进一步分析各种用地中鸟类在各类微生境的停留层数，可以发现：对于公共绿地和广场用地而言，大部分鸟类的建筑停靠行为发生在 1 ~ 2 层，这与绿地广场附属建筑本身的层数有关。对于建筑层数一般不超过 6 层的二类住宅组团用地、商业服务业用地、文化用地、基础设施用地而言，鸟类在商业建筑和文化建筑上停靠的楼层较低（3 层以内），在中小学建筑和二类住区建筑中一般停靠在 5 层左右。而对于本身楼层数高于 6 层的商务办公用地和三类住宅组团用地，鸟类在商业建筑上停靠的楼层同样不超过 6 层，这可能是因为研究区域中的高层商业建筑墙面以玻璃幕墙为主，缺少鸟类向上攀援的踏脚石，而位于三类住宅组团用地上的小高层和高层住宅建筑的停靠楼层比例相对较为均衡，以 3 层以下和 12 层居多（图 5-27），说明鸟类利用垂直空间作为其离地生境的可能性。

  对停靠在建筑物上的鸟类行为的垂直空间分布特征分析结果显示：飞行行为和觅食行为一般发生在 4 层以下，休息行为具有更高的垂直空间可能性，但仍以 7 层以下为主（图 5-28）。

  除停靠在建筑物上的鸟类外，另有 56 只鸟被记录为停留在电线、电线杆、灯杆、路牌、工地脚手架、广告牌上。其中以电线杆和电线居多（图 5-29）。

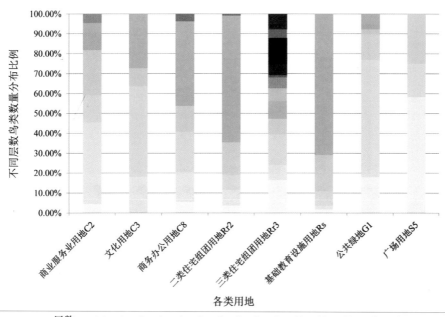

图 5-27 研究区域各种用地中停留在建筑物微生境的鸟类数量垂直空间分布

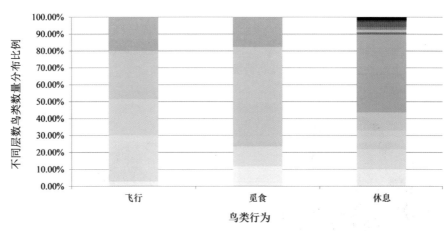

图 5-28 停靠在研究区域建筑物上的鸟类行为的垂直空间分布

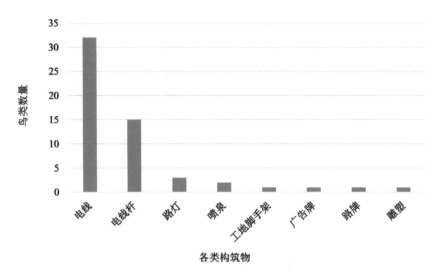

图 5-29 停靠在研究区域各类构筑物上的鸟类数量

除了在建筑物/构筑物表面休息和觅食以外，研究还观察到部分在原生环境中以树洞作为栖居地的鸟，在城市环境中对建筑物和城市雕塑、路灯、广告牌甚至路口的交通信号灯的横臂等构筑物上的孔洞具有一定的空间选择偏好，这些孔洞能避风雨，无论是长时间的筑巢还是短时间的休憩，都能让它们感觉到安全庇护，也可安家（图5-30）。当然，鸟类的这一行为不可避免对人居环境造成了一定的负作用，如上海每年都有数起因麻雀在热水器管道中筑巢而引发的煤气中毒事故甚至死亡事件。但从另一个侧面来看，与其让鸟类自行"抢占"人居环境的通风道孔洞作为栖居地从而酿成悲剧，不如由人类主动为鸟类的筑巢行为提供适宜的空间。

图 5-30 鸟类在研究区域建筑物/构筑物上的孔洞空间选择偏好（摄影：郭光普）

116

5.4 优势鸟种与常见鸟种的空间选择偏好分布特征分析

根据第 3 章的理论研究，生物栖息对于空间的选择有一定的需求偏好。为了进一步讨论研究区域鸟类的空间选择偏好，本节采用 Excel 2013 版的 Power Map 功能绘制麻雀、白头鹎、乌鸫 3 种优势种与珠颈斑鸠、夜鹭、灰喜鹊、棕头鸦雀、普通海鸥、白鹡鸰、棕背伯劳 7 种常见种的数量和优势度的空间分布图示。研究发现 10 种鸟类在整个研究区域内的空间分布特征呈现出三种不同类型，其本质是对空间生态位需求的映射。

5.4.1 均匀分布型

优势种麻雀、白头鹎、乌鸫和常见种中数量最多的珠颈斑鸠整体体现出均匀分布的特征，这四种鸟是上海市数量最多的鸟种，它们以杂食树栖为主，营巢环境为树上巢 / 建物巢型，对人工环境的适应程度也较高，因此在各种不同用地类型、不同空间结构和不同密度梯度的地块中均有较多的数量和较高的优势度，且分布较为均匀。但整体优势度最高的麻雀在鸟类物种丰富度最高的科技馆小湿地中，无论是数量和优势度相对其他地块都有所降低（图 5-31—图 5-34）。由此可见，在生物物种较为丰富的生境，高度适应城市生境的物种在生态位竞争中未必能占据优势。

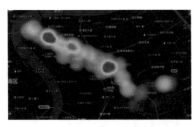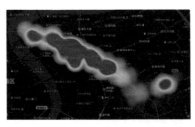

图 5-31 研究区域麻雀的数量和优势度分布（左：数量；右：优势度）

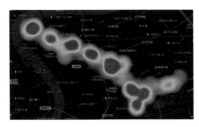

图 5-32 研究区域白头鹎的数量和优势度分布（左：数量；右：优势度）

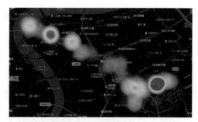

图5-33 研究区域乌鸫的数量和优势度分布（左：数量；右：优势度）

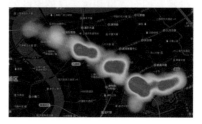

图5-34 研究区域珠颈斑鸠的数量和优势度分布（左：数量；右：优势度）

5.4.2 偏好集聚型

灰喜鹊、白鹡鸰2种食虫性树栖型和夜鹭、普通海鸥2种食鱼虾性水边栖型鸟呈现出在研究区域内高度集聚的空间分布特征，这4种鸟均有群居和特定的食性和巢居空间生态位选择偏好特性。夜鹭和普通海鸥大量群栖于陆家嘴滨江地区，而属于世纪公园优势种的灰喜鹊和常见种的白鹡鸰，则高度集聚于靠近世纪公园"源"生境的地块中，均形成稳定的种群（图5-35—图5-38）。

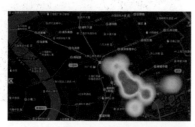

图5-35 研究区域灰喜鹊的数量和优势度分布（左：数量；右：优势度）

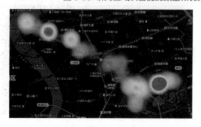

图5-36 研究区域白鹡鸰的数量和优势度分布（左：数量；右：优势度）

图 5-37 研究区域夜鹭的数量和优势度分布（左：数量；右：优势度）

图 5-38 研究区域普通海鸥的数量和优势度分布（左：数量；右：优势度）

5.4.3 散点集中型

棕头鸦雀和棕背伯劳的分布较为零散，这是因为它们对栖息环境相对更为敏感，需要更大的生境空间以形成群落，因此散落分布在城市公共绿地、湿地以及绿化环境较好的住宅小区内（图 5–39—图 5–40）。

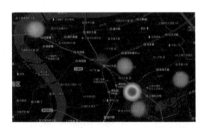 

图 5-39 研究区域棕头鸦雀的数量和优势度分布（左：数量；右：优势度）

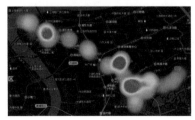 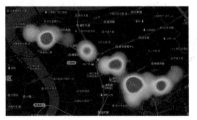

图 5-40 研究区域棕背伯劳的数量和优势度分布（左：数量；右：优势度）

5.4.4 食性和巢居空间生态位的趋近偏好分析

根据第3章的研究，野生动物的食性空间和巢居空间应具有一定的趋近性。鸟类在空间选择上偏好集聚和散点集中分布，其本质对食性空间、巢居空间、休憩空间生态位等的趋近选择偏好，即围绕能提供稳定食物的空间（如夜鹭等水鸟所需的鱼虾）或筑巢的空间（如有大量茂密林地的世纪公园为灰喜鹊提供筑巢空间）作为"源"生境适当外拓，形成一定的趋近集聚特征。

以夜鹭为例，其食性空间需求位于水岸潮间带，而巢居空间需求则为灌丛或树枝间。理论上滨江潮间带均为夜鹭的食性空间。但笔者在实地调查中发现，位于陆家嘴的明珠公园中有数以百计的夜鹭筑巢，它们在100m开外的黄浦江潮间带取食，飞回巢居地哺育幼鸟，从而形成了稳定的种群。而在滨江的其他绿地中，虽然亦有高大乔木可用于筑巢，但几乎没有发现任何夜鹭（图5-41）。科技馆小湿地虽然巢居环境也甚佳，但近旁的张家浜水域人工化痕迹过重，无法成为夜鹭的食性空间，因此小湿地也仅有极少量过境夜鹭出现，并未发现鸟巢。由此可见，对于食性空间和巢居空间生态位不完全重合的鸟类而言，在空间规划设计中需要考虑两类空间生态位的趋近效应。

图5-41 夜鹭在明珠公园中的巢居空间与黄浦江畔泥潭潮间带的食性空间的趋近偏好
（摄影：郭光普、干靓）

120

5.5 鸟类物种多样性变量的空间分布

本研究选择物种个体数量（Individual Number）、物种丰富度（Richness of Species）、生物多样性指数（Diversity）、均匀度指数（Evenness）、优势度（Superiority）作为鸟群生物多样性的测评变量，呈现五个变量在研究区域中整年和四季的空间分布特征，并分析其在不同生境用地中的差异性。

5.5.1 鸟类物种多样性变量的整体空间分布

研究以 54 个地块为空间统计单元，分别计算各地块的物种多样性变量，以 ArcGIS 10.2 软件予以可视化表达。

1. 鸟群个体数量的空间分布

鸟群个体数量最高的地块是包含明珠公园和东方明珠电视塔的 A00，全年共监测到 1 150 只，占总数的 11.24%。B17（含科技馆小湿地）、A02（陆家嘴中央绿地）的鸟类个体数量在 600 ~ 900 只之间，A13（竹园新村）、AB00（滨江绿地）、B20（陆家嘴公寓）、A21（联洋新苑 + 上海之窗御景园）、A06（含华师大东昌附中）介于 300 ~ 600 只。这些地块中，一半为较大面积的半自然公园绿地生境以及人工废弃—自然演替的湿地生境，有群居繁殖的涉禽鸟种，如 A00 和 AB00 地块，皆有数百只鹭科鸟类聚集，因此成为鸟类个体数量较多的地块；另一半为绿化条件较好的住区和学校半人工休闲绿化生境。

从四个季节的鸟类个体数量分布来看，春、冬两季上述个体数量较高地块的集聚度更明显，夏、秋两季的分布较为均衡（图 5–42）。

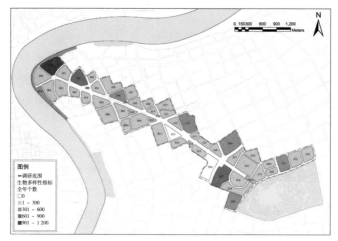

（a）全年

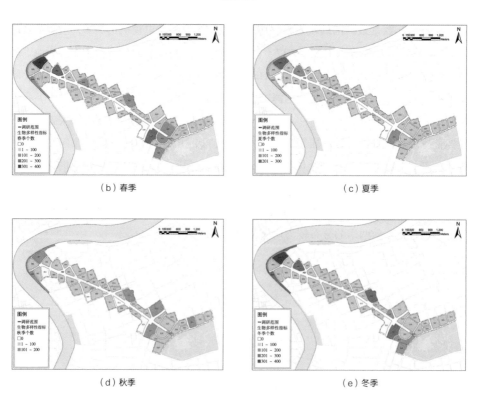

（b）春季 　　　　　　　　　　　　　　（c）夏季

（d）秋季 　　　　　　　　　　　　　　（e）冬季

图 5-42 研究区域全年和四季鸟类物种丰富度分布

2. 鸟群物种丰富度的空间分布

研究区域各地块的物种丰富度最高为 30 种，出现在 B17（科技馆小湿地及周边树林），其次为 B20（陆家嘴中央公寓，23 种）、A00（含明珠公园，22 种）、B18（科技馆前广场，20 种），A18（地铁科技馆站广场，18 种）、AB00（滨江绿地，17 种）、A21（联洋新苑＋上海之窗御景园，17 种）、B19（科技馆后张家浜滨河绿地，17 种）、A02（陆家嘴绿地，16 种），整体呈现出沿江与沿世纪公园物种丰富度较高，中间段的住区和商务区较低的状况。与个体数量的空间分布对比，可以发现，两者的高峰位置具有一定相关性但并不完全一致，也就是说，部分地块（如 A02 陆家嘴中央绿地）虽然监测到的鸟类个体数量较多，但物种丰富度不高，鸟种数较为单一（图 5–43）。

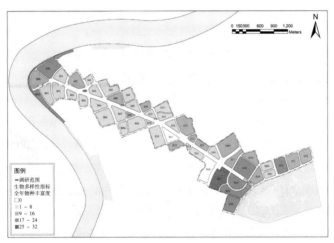

（a）全年

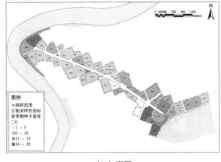

（b）春季

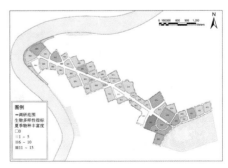

（c）夏季

（d）秋季

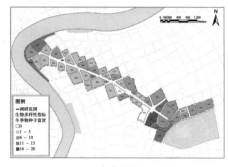

（e）冬季

图 5-43 研究区域全年和四季鸟类多样性指数分布

从四个季节的物种丰富度来看，春、秋、冬三季与全年的分布规律基本一致，都呈现出沿黄浦江和沿世纪公园地块的高丰富度，而夏季沿江地块的丰富度明显下降，这主要是由于依赖滨江生境生存的夜鹭在夏季北迁的影响。

3. 鸟群多样性指数的空间分布

研究区域的鸟群多样性指数（香农 – 威纳指数）从 0 到 2.53 不等，大于 2.0 的地块为 B20（陆家嘴中央公寓）、B17（科技馆小湿地及周边树林）、A18（地铁科技馆站广场北）、B18（地铁科技馆站广场南）、B19（科技馆后张家浜滨河绿地），全部位于世纪公园沿线，多样性指数在 1.5 ~ 2.0 之间的地块主要位于世纪公园沿线和沿黄浦江地段。春、秋、冬季的多样性指数分布规律与全年基本一致，夏季沿黄浦江和沿世纪公园地块的多样性指数明显下降，但仍然高于多层住区和新上海商业城片区（图 5-44）。

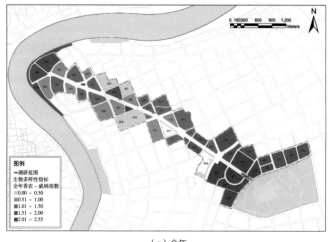

（a）全年

124

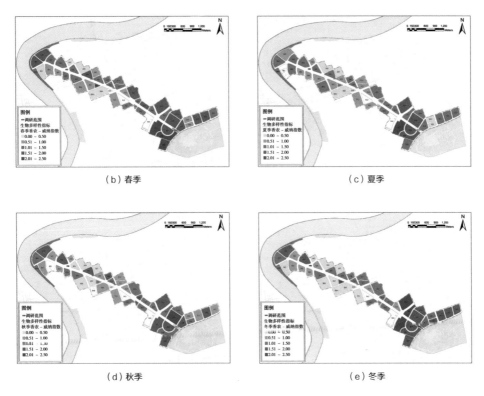

（b）春季　　　　　　　　　　　　　（c）夏季

（d）秋季　　　　　　　　　　　　　（e）冬季

图 5-44　研究区域全年和四季鸟类多样性指数分布

4. 鸟群均匀度指数的空间分布

本研究区域的鸟群均匀度指数（皮洛指数）从 0.228 到 1.000 不等，均匀度指数为 1.000 是 B10 地块（东方金融广场），但其物种丰富度只有 2，多样性指数只有 0.693，只能表明鸟类数量在各种类之间分布均匀。均匀度指数在 0.800 ～ 1.000 的地块为 A16+（豆香园），A20（银联大厦＋金鹰大厦）、A20+（上海浦东展览馆）、B14（中国石油上海大厦）、B15（东方大厦＋中建大厦＋陆家嘴基金大厦＋陆家嘴商务广场），全部位于世纪公园沿线，除了豆香园以外，其他四个地块的物种丰富度和香农－威纳指数都不高。一半以上地块的均匀度指数在 0.600 ～ 0.800 之间。

多层商住区和新上海商业城均匀度的四季分布规律差异较大，即各鸟种个体数目分配的均匀程度变化较大。考虑到这两个片区的物种丰富度和多样性指数变化都不大，均匀度的差异原因主要为鸟类群落结构的季节波动（图 5-45）。

125

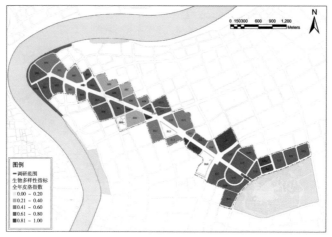

（a）全年

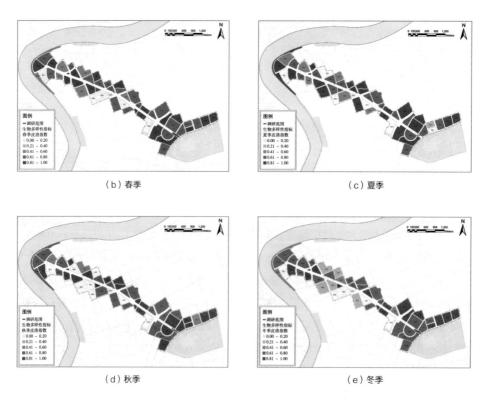

（b）春季　　　　　　　　　　　　　　　　　（c）夏季

（d）秋季　　　　　　　　　　　　　　　　　（e）冬季

图 5-45　研究区域全年和四季鸟类均匀度指数分布

5. 鸟群优势度指数的空间分布

本研究区域的鸟群优势度指数从 0.113 到 1.000 不等，优势度指数越大，说明群落内物种数量分布越不均匀，优势种的地位越突出。与物种丰富度、多样性指数、均匀度指数相反，优势度指数最高的是位于多层居住区的 A05（梅园街道三航小区＋招远小区）、A07（崂山四村）、B09 与 B09+（新大陆广场），全部为多层居住区和商业商务区，而靠近世纪大道的地块优势度指数大部分小于 0.200，其他地块在 0.200～0.600 之间。

通过对四个季节的分析也可以发现，多层居住区、商业商务区的优势度指数较大，中高层居住区、绿地等的优势度指数较小。这说明多层居住区的鸟类主要来自个别优势种，而中高层居住区和绿地的鸟类来源更丰富（图 5-46）。

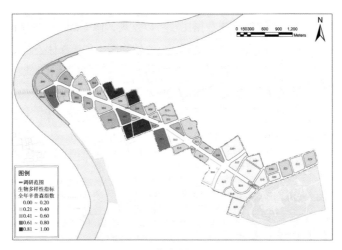

（a）全年

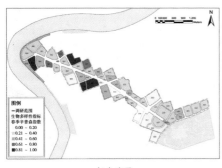

（b）春季

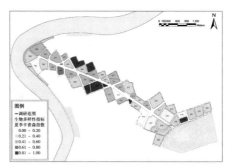

（c）夏季

（d）秋季

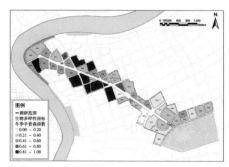

（e）冬季

图 5-46 研究区域全年和四季鸟类优势度指数分布

将研究区域的野生鸟类物种多样性变量与上海市野生动物保护管理站 2012 年对共青森林公园等 7 大公园绿地的监测数据比较可以发现，研究区域各地块的物种丰富度均值（9）远小于大宁灵石公园、世纪公园、上海植物园、共青森林公园 4 个城市公园，物种丰富度最高值（47）也小于除大宁灵石公园的其他公园绿地，与城郊水源涵养林相比差距更大。只有个别地块的多样性指数超过了大宁灵石公园和上海植物园，但从总体看，区域内地块多样性指数均值尚不到 7 个公园合计数的一半。均匀度指数的均值与 7 个公园绿地的数值接近；优势度指数偏大，其均值为 7 个城市公园合计值的四倍多，显示出明显的单一化倾向（表 5-4）。

表 5-4 研究区域与上海 7 个公园绿地监测点野生鸟类物种多样性变量的比较

变量	研究区域	共青森林公园	大宁灵石公园	上海植物园	世纪公园	宝山罗泾水源涵养林	奉贤海湾国家森林公园	松江浦南水源涵养林	7 个公园合计
物种丰富度	0 ~ 47（均值9）	64	44	58	55	88	83	63	136
多样性指数（香农 – 威纳指数）	0 ~ 2.536（均值1.359）	2.894	2.134	2.329	2.876	2.991	3.181	3.079	3.246
均匀度指数（皮洛指数）	0.228 ~ 1（均值0.671）	0.696	0.564	0.573	0.718	0.668	0.720	0.743	0.661
优势度指数（辛普森指数）	0.113 ~ 1（均值0.373）	0.098	0.192	0.151	0.086	0.123	0.069	0.077	0.076

5.5.2 鸟类物种多样性变量在不同生境用地中的分布

进一步分析鸟类的物种多样性变量的波动幅度与平均值在三类不同生境及其用地类型中的表现，可以发现：鸟类物种丰富度在人工废弃—自然演替的湿地生境中远高于其他两类生境。半自然公园绿地生境中，生产防护绿地的物种丰富度较高，街头绿地较低，对照 5.2.4 小节的分析，街头绿地的整体物种丰富度较高，但单个地块较低，也就是说每个街头绿地能吸引到的鸟种数量有限但各不相同，这说明了研究区域的街头绿地对城区的不同鸟类具有中转踏脚石作用。半人工休闲绿化生境中，三类居住用地的物种丰富度波动较大，均值也仅次于样点只有 2 个的道路广场用地，商务办公用地的物种丰富度波动最小，均值也仅高于商业服务业用地（图 5-47）。

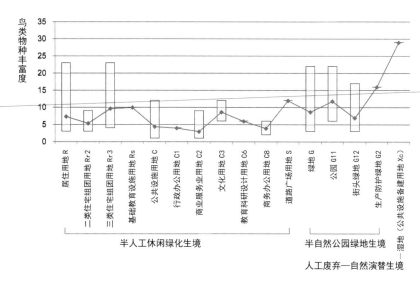

图 5-47 鸟类物种丰富度在研究区域不同生境用地中的波动幅度与平均值

人工废弃—自然演替的湿地生境中的鸟类多样性指数也远高于其他两类生境，半自然公园绿地生境中，街头绿地的波动幅度较大，再次说明其物种多样性的差异。半人工休闲绿化生境中，以高层住宅为主的三类住宅组团用地多样性指数的波动范围在 1.3 ~ 2.3 之间，明显高于以多层住宅为主的二类住宅组团用地，均值也高于其他用地，即高层低密度开发的鸟类多样性优于低层高密度。商业办公用地的多样性指数的波动范围和均值与二类住宅组团用地类似（图 5-48）。

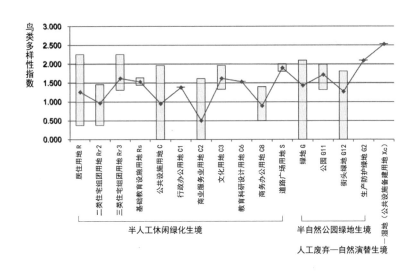

图 5-48　鸟类多样性指数在研究区域不同生境用地中的波动幅度与平均值

　　三类生境的均匀度指数差别不大，半人工休闲绿化生境中除了仅有 1 个样点的行政办公用地（浦东新区人民政府）和教育科研设计用地（上海纽约大学）的均匀度指数分别为 1.000 和 0.859 以外，其他用地的均值都在 0.6 ~ 0.8 之间，公共设施用地的波动幅度大于居住用地（图 5-49）。湿地生境的优势度指数最小，公园绿地生境优势度指数也在 0.4 以下，半人工生境中，公共设施用地的优势度大于居住用地（图 5-50）。

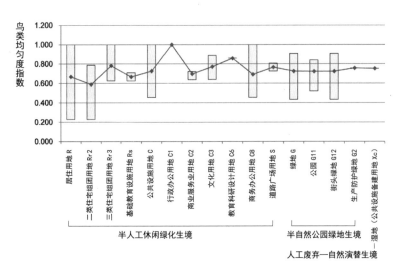

图 5-49　鸟类均匀度指数在研究区域不同生境用地中的波动幅度与平均值

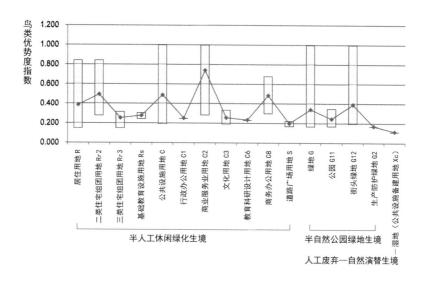

图 5-50 鸟类优势度指数在研究区域不同生境用地中的波动幅度与平均值

5.6 城市建成环境变量与鸟类物种多样性变量的相关分析

本研究选择的城市建成环境变量包含开发强度、生态用地和植被格局三个维度。具体包括：

1. 开发强度变量

开发强度变量包含地块单元区域内的容积率、建筑密度、绿地率和水面率，前三者都是地块开发控制性详细规划中的常用强制性指标。研究区域中有 17 个地块中布置了大小不等的水体，可以为鸟类提供饮水功能生态位，对鸟类具有一定的吸引力，因此在开发强度变量中纳入水面率变量进行分析。

2. 生态用地变量

中微观尺度下的生态用地变量主要选择绿地和水体的用地规模和空间形态变量，考虑到规划调控优化的可操作性，本研究参考景观生态学中的景观格局指数作为各地块单元生态用地的特征变量，包括绿地和水体的斑块面积（Total Class Area）、斑块边缘/面积比（Perimeter Area Ratio）、斑块密度（Patch Density）、最大斑块指数（Largest

Patch Index）、最大斑块面积（Largest Patch Area）、最大斑块边缘／面积比（Largest Patch Perimeter Area Ratio）、平均邻近指数（Mean Proximity Index，MPI）、景观聚合度指数（Aggregation Index，AI）、景观结合度指数（Patch Cohesion Index），考虑到51个地块中，仅有1/3有水体，且通常为1～2个完整水面，无法计算其破碎度和连通性，因此最大斑块边缘／面积比、平均邻近指数、景观聚合度指数、景观结合度指数仅针对绿地斑块进行计算。

3. 植被格局变量

考虑设计引导的可行性，本研究所采用的植被格局变量主要考虑乔木、灌木、地被三个植被层的覆盖（投影）面积、高度和种类三类，具体变量如表5-5所示。

表5-5 植被格局变量选择

变量类型	变量名称	变量单位
植被规模	乔木覆盖面积	m^2
	灌木覆盖面积	m^2
	地被覆盖面积	m^2
	乔木覆盖用地比例	%
	灌木覆盖用地比例	%
	地被覆盖用地比例	%
植被形态	乔木最高高度	m
	乔木平均高度	m
	灌木平均高度	m
	灌木最高高度	m
植被结构	乔木种类	—
	常绿乔木种类	—
	落叶乔木种类	—
	灌木种类	—
	常绿灌木种类	—
	落叶灌木种类	—
	地被种类	—
	植被种类	—

5.6.1 开发强度变量与鸟类物种多样性的相关分析

开发强度变量与的鸟类物种多样性相关分析结果显示：容积率、建筑密度与物种个数、丰富度、多样性指数在 0.01 水平上呈现显著负相关，与优势度指数在 0.01 水平上呈现显著正相关，建筑密度的相关系数大部分高于容积率。建筑密度越高，意味着人类活动占据的空间越多，而留给鸟类栖居的地面空间随之减少。

绿地率与物种丰富度和多样性指数在 0.01 水平上显著正相关，与物种个数在 0.05 水平上显著正相关，显示出较高比例的绿地面积有利于为鸟类提供更多的栖息空间。水面率与物种丰富度和多样性指数在 0.05 水平上显著正相关，但相关系数都较小。这可能与调研区域内的水面大部分为人工景观水面有关。人工景观水面仅能为鸟类提供一定的水源而无法为食鱼虾的鸟类提供食源，并且部分住区内的水体由于管理不善会出现一定的干涸情况，因而虽对鸟类具有一定的吸引力但影响相对绿地而言较小（表 5-6）。

表 5-6 研究区域开发强度变量与鸟类物种多样性的相关分析（Pearson 相关）

变量	个数	物种丰富度	多样性指数	均匀度指数	优势度指数
容积率	−0.437**	−0.520**	−0.456**	0.144	0.339**
建筑密度（%）	−0.397**	−0.571**	−0.684**	−0.359*	0.655**
绿地率（%）	0.355*	0.517**	0.562**	0.134	−0.514**
水面率（%）	0.207	0.341*	0.311*	0.109	−0.231

注："*"表示在 0.05 水平（双侧）上显著相关；"**"表示在 0.01 水平（双侧）上显著相关。

5.6.2 生态用地变量与鸟类物种多样性的相关分析

绿地斑块的面积、最大绿地斑块面积与鸟类个数、物种丰富度和多样性指数在 0.01 水平上显著正相关，与优势度指数在 0.01 水平上显著负相关。斑块密度与物种丰富度、多样性指数、均匀度指数呈现显著负相关，与优势度指数显著正相关，体现了面积效应对物种多样性的影响。

绿地斑块边缘 / 面积比、最大绿地斑块边缘 / 面积比与鸟类个数、物种丰富度和多样性指数在 0.01 水平上显著负相关，与优势度指数在 0.01 水平上显著正相关，这说明边缘的干扰效应对中微观尺度的生物多样性存在较大影响。

最大绿地斑块指数与均匀度指数在 0.01 水平上显著负相关，体现绿地空间配置中设置较大面积的集中绿地对生物多样性有较好的正面作用。

绿地的平均邻近指数、景观聚合度指数、景观结合度指数均与个数、物种丰富度、多样性指数、均匀度指数正相关，与优势度指数负相关，体现出景观斑块之间的距离和连通性破碎度对中微观尺度下物种多样性的影响作用，距离越近、连通性越好的地块，越能吸引各种不同鸟类以一定规模汇集到生境中，从而使得鸟类多样性指数越高。水体斑块面积、平均面积与物种丰富度在 0.05 水平上显著正相关。水体斑块边缘 / 面积比与多样性指数、均匀度指数显著正相关，与优势度指数显著负相关，最大水体斑块指数与多样性指数显著正相关，与优势度指数显著负相关。体现了水体对物种多样性亦有一定影响（表 5–7）。

表 5-7 研究区域生态用地变量与鸟类物种多样性变量的相关分析（Pearson 相关）

变量	个数	物种丰富度	多样性指数	均匀度指数	优势度指数
绿地斑块面积（m²）	0.772**	0.803**	0.595**	−0.042	−0.454**
绿地斑块密度（N/ m²）	−0.236	−0.322*	−0.518**	−0.296*	0.593**
绿地斑块边缘 / 面积比（m/m²）	−0.356**	−0.496**	−0.646**	−0.311*	0.681**
最大绿地斑块指数（%）	−0.083	−0.019	0.146	0.449**	−0.243
最大绿地斑块面积（m²）	0.640**	0.690**	0.515**	0.047	−0.402**
最大绿地斑块边缘 / 面积比（m/m²）	−0.377**	−0.490**	−0.581**	−0.122	0.617**
绿地斑块平均邻近指数	0.295*	0.368**	0.342*	0.075	−0.295*
绿地景观结合度指数	0.371**	0.508**	0.666**	0.308*	−0.708**
绿地景观聚合度指数	0.340*	0.490**	0.670**	0.328*	−0.697**
水体斑块面积（m²）	0.247	0.303*	0.274	0.050	−0.219

表 5-7（续）

变量	个数	物种丰富度	多样性指数	均匀度指数	优势度指数
水体斑块平均面积（m²）	0.234	0.275*	0.214	−0.008	−0.162
水体斑块边缘/面积比（m/m²）	0.056	0.205	0.372**	0.322*	−0.370**
最大水体斑块指数（%）	0.027	0.313*	0.386**	0.200	−0.330*

注："*"表示在 0.05 水平（双侧）上显著相关；"**"表示在 0.01 水平（双侧）上显著相关。

5.6.3 植被格局变量与鸟类物种多样性的相关分析

复层植被覆盖面积与鸟类物种多样性的相关分析结果显示：乔木覆盖面积、灌木覆盖面积和地被覆盖面积与个数、物种丰富度、多样性指数显著正相关，与优势度指数显著负相关。乔木的覆盖用地比例与多样性指数在 0.05 水平上显著正相关，与优势度指数在 0.05 水平上显著负相关。灌木覆盖用地比例与均匀度指数在 0.05 水平上显著正相关。地被覆盖用地比例与多样性指数在 0.01 水平上显著正相关，与优势度指数在 0.01 水平上显著负相关。

相比较而言，乔木覆盖面积与物种多样性指数之间的相关系数更高，而灌木覆盖面积与物种多样性指数之间的相关系数较低；地被覆盖用地比例与物种多样性指数之间的相关系数比乔木覆盖用地比例和灌木覆盖用地比例更高。由此可见，乔木层和地被层对鸟类物种多样性的影响比灌木层更大（表 5-8）。乔木层通常为在树丛取食的植食性、虫食性和杂食性鸟类的主要食性空间生态位，也是树上筑巢鸟类的主要巢居和繁殖空间生态位。

表 5-8 研究区域植被格局变量与鸟类物种多样性的相关分析（Pearson 相关）

变量	个数	物种丰富度	多样性指数	均匀度指数	优势度指数
乔木覆盖面积（m²）	0.503**	0.656**	0.516**	0.092	−0.386**
灌木覆盖面积（m²）	0.350*	0.457**	0.366**	0.151	−0.313*

表 5-8（续）

变量	个数	物种丰富度	多样性指数	均匀度指数	优势度指数
地被覆盖面积（m²）	0.415**	0.391**	0.388**	0.123	−0.320*
乔木覆盖用地比例（%）	0.046	0.234	0.355*	0.234	−0.335*
灌木覆盖用地比例（%）	−0.118	0.035	0.189	0.300*	−0.242
地被覆盖用地比例（%）	0.095	0.119	0.392**	0.157	−0.366**
乔木最高高度（m）	0.453**	0.445**	0.319*	0.074	−0.281*
乔木平均高度（m）	0.286*	0.480**	0.520**	0.295*	−0.426**
灌木最高高度（m）	0.321*	0.256	0.178	−0.012	−0.132
灌木平均高度（m）	0.299*	0.230	0.117	−0.005	−0.072
乔木种类	0.509**	0.386**	0.140	−0.192	−0.104
灌木种类	0.364**	0.430**	0.351*	0.075	−0.311*
地被种类	0.536**	0.657**	0.531**	0.176	−0.440**
植被种类	0.545**	0.529**	0.342*	−0.038	−0.284*

注："*"在 0.05 水平（双侧）上显著相关；"**"在 0.01 水平（双侧）上显著相关。

植被高度与鸟类物种多样性的相关分析结果显示：乔木平均高度与物种丰富度、多样性指数在 0.01 水平上显著正相关，与个数在 0.05 水平上显著正相关，与优势度指数在 0.01 水平上显著负相关。乔木最高高度与个数、物种丰富度在 0.01 水平上显著正相关，与多样性指数在 0.05 水平上显著正相关，与优势度指数在 0.05 水平上显著负相关。而灌木平均高度与灌木最高高度与个数在 0.05 水平上显著正相关。由此可见，乔木高度对鸟类物种多样性的影响较大，这体现了向垂直空间延伸的生态位可以为鸟类提供更广阔的离地生境，使鸟类在与人类交错的空间中寻找到自己在城市中的合理位置。

植被种类与鸟类物种多样性的相关分析结果显示：植被种类与鸟类个数、物种丰富度在 0.01 水平上显著正相关，与多样性指数在 0.05 水平上显著正相关，与优势度指数在 0.05 水平上显著负相关。整体而言，地被种类的相关系数高于乔木，灌木的相关系数最小。综合前文地被覆盖用地比例与物种多样性指数之间较高的相关系数，这或可说明地面种植的密度与丰富度越高，对于地面取食的鸟类而言，往往能提供越多的食性和休憩空间。

5.7 各类功能区的建成环境对鸟类物种多样性的影响

将 51 个地块按照地块内部超过 50% 的用地性质分别划分为公园绿地型、居住区型和公共服务设施型（商业服务业、商务办公、文化娱乐等）三类功能区，共得到 8 个公园绿地型地块、15 个居住区型地块和 22 个型公共服务设施地块。分别对三类功能区建成环境对鸟类物种多样性的影响进行分析，结果见 5.7.1 小节—5.7.3 小节。

5.7.1 公园绿地型地块

代表半自然生境的公园绿地型地块包括明珠公园、陆家嘴中央绿地、豆香园、滨江绿地、世纪广场—世纪公园线性绿廊、浦东新区行政中心绿地、锦绣路地铁站苗圃以及 1 个交通岛绿地。

分析结果表明：公园绿地型地块的开发强度变量（即绿地率）与鸟类物种多样性变量间没有显著相关，而在与生态用地变量的相关分析中，仅有绿地斑块面积、最大绿地斑块面积及其边缘 / 面积比（与物种丰富度）呈现显著相关，水体斑块的各种空间形态变量都没有显现出显著相关性，即可推在公园绿地中，大面积的人工水体对鸟类物种多样性的作用并不大。

植被格局变量中，乔木的高度和种类与物种多样性的相关系数较高。与整体的相关性分析结果不同的是，公园绿地型地块中，灌木（落叶灌木种类）对于鸟类物种多样性的影响显示出显著强相关，而地被的影响程度大大减弱，这可能是因为大部分的公园绿地均有较多的非硬质裸露地面，因此地被层的效应无法在公园绿地型用地中得以体现（表 5–9）。

表 5-9 研究区域公园绿地型地块建成环境变量与鸟类物种多样性变量的相关分析（Pearson 相关）

变量类型	变量名称	个数	物种丰富度	多样性指数	均匀度指数	优势度指数
开发强度	建筑密度（%）	0.612	0.218	−0.082	−0.444	0.137
	容积率	0.683	0.315	−0.154	−0.556	0.261
	绿地率（%）	−0.550	−0.246	−0.103	0.110	−0.006
	水面率（%）	0.254	0.561	0.464	0.115	−0.261
生态用地	绿地斑块面积（m²）	0.672	0.832*	0.563	−0.352	−0.346
	绿地斑块边缘 / 面积比（m/m²）	−0.355	−0.668	−0.481	0.305	0.340
	绿地斑块密度（N/m²）	−0.497	−0.646	−0.536	0.287	0.488
	最大绿地斑块指数（%）	−0.436	−0.164	0.069	0.378	−0.150
	最大绿地斑块面积（m²）	0.493	0.784*	0.605	−0.160	−0.394
	最大绿地斑块边缘 / 面积比（m/m²）	−0.690	−0.809*	−0.488	0.481	0.337
	绿地斑块平均邻近指数	−0.052	0.108	0.106	−0.156	−0.102
	绿地景观聚合度指数	0.173	0.467	0.254	−0.274	−0.123
	绿地景观结合度指数	0.210	0.576	0.428	−0.228	−0.303
	水体斑块面积（m²）	0.176	0.184	−0.105	−0.397	0.131
	水体斑块边缘 / 面积比（m/m²）	−0.568	−0.482	−0.169	0.419	0.081
	水体斑块平均面积（m²）	0.205	−0.023	−0.421	−0.757	0.470
	最大水体斑块指数（%）	0.684	0.599	−0.251	−0.759	0.392
	最大水体斑块面积（m²）	0.199	−0.020	−0.410	−0.747	0.459

表 5-9（续）

变量类型	变量名称	个数	物种丰富度	多样性指数	均匀度指数	优势度指数
植被格局	乔木覆盖面积（m²）	0.416	0.440	0.068	−0.580	0.059
	灌木覆盖面积（m²）	0.357	0.066	−0.441	−0.799*	0.533
	地被面积（m²）	0.035	0.013	0.431	0.431	−0.509
	乔木覆盖用地比例（%）	−0.601	−0.459	−0.180	0.307	−0.022
	灌木覆盖用地比例（%）	−0.609	−0.551	−0.298	0.318	0.102
	地被覆盖用地比例（%）	−0.513	−0.352	0.353	0.733*	−0.607
	乔木最高高度（m）	0.725*	0.793*	0.346	−0.530	−0.107
	乔木平均高度（m）	0.706	0.904**	0.686	−0.088	−0.444
	灌木平均高度（m）	0.257	0.277	−0.182	−0.437	0.414
	灌木最高高度（m）	0.442	0.287	−0.263	−0.657	0.491
	乔木种类	0.547	0.264	−0.268	−0.838**	0.365
	常绿乔木种类	0.624	0.331	−0.265	−0.877**	0.395
	落叶乔木种类	0.466	0.198	−0.267	−0.784*	0.330
	灌木种类	0.283	0.164	−0.154	−0.497	0.218
	常绿灌木种类	0.275	0.272	0.067	−0.319	0.002
	落叶灌木种类	0.623	0.760*	−0.170	−0.803*	0.375
	地被种类	0.444	0.613	0.263	−0.505	−0.140
	植被种类	0.493	0.337	−0.139	−0.736*	0.240

注：“*”表示在 0.05 水平（双侧）上显著相关；“**”表示在 0.01 水平（双侧）上显著相关。

5.7.2 居住区型地块

住区是除绿地外的各类地块中鸟类物种丰富度最高的用地类型。分析结果表明：居住区型地块的开发强度变量中，容积率的负面影响不显著，而建筑密度、绿地率和水面率均呈现较高的相关系数，这说明高层低密度开发的住区若释放一部分地面生境空间，比如保有较高的绿地率和水面率，或可以比低层高密度住区有更好的鸟类物种多样性。绿地斑块的空间形态变量与物种多样性变量的相关性与整体情况类似，而最大水体斑块面积在住区中显现出高相关性，意味着在住区中增加水面可有效提高物种多样性。植被格局变量中，灌木覆盖面积、高度和种类的相关系数有明显上升，而地被层的影响与整体相比略有下降。这意味着在住区中乔灌草三个植被层的合理配置均对物种多样性有着较大的意义（表 5-10）。

表 5-10 研究区域居住区型地块建成环境变量与鸟类物种多样性变量的相关分析（Pearson 相关）

变量类型	变量名称	个数	物种丰富度	多样性指数	均匀度指数	优势度指数
开发强度	建筑密度（%）	−0.394	−0.649**	−0.886**	−0.710**	0.884**
	容积率	−0.193	−0.036	−0.05	0.063	0.078
	绿地率（%）	0.193	0.342	0.614*	0.554*	−0.631*
	水面率（%）	0.08	0.600*	0.682**	0.439	−0.522*
生态用地	绿地斑块面积（m²）	0.621*	0.632*	0.557*	0.224	−0.456
	绿地斑块边缘/面积比（m/m²）	−0.397	−0.422	−0.646**	−0.581*	0.705**
	绿地斑块密度（N/m²）	−0.413	−0.546*	−0.684**	−0.514*	0.669**
	最大绿地斑块指数（%）	0.137	0.05	0.24	0.403	−0.356
	最大绿地斑块面积（m²）	0.577*	0.506	0.577*	0.445	−0.582*
	最大绿地斑块边缘/面积比（m/m²）	−0.302	−0.301	−0.408	−0.321	0.449

表 5-10（续）

变量类型	变量名称	个数	物种丰富度	多样性指数	均匀度指数	优势度指数
生态用地	绿地斑块平均邻近指数	0.087	0.446	0.519*	−0.473	−0.361
	绿地景观聚合度指数	0.277	0.409	0.669**	0.615*	−0.705**
	绿地景观结合度指数	0.338	0.404	0.679**	0.636*	−0.750**
	水体斑块面积（m²）	−0.191	0.134	0.383	0.375	−0.356
	水体斑块边缘/面积比（m/m²）	−0.192	0.13	0.44	0.44	−0.405
	水体斑块平均面积（m²）	0.154	0.368	0.311	0.109	−0.228
	最大水体斑块指数（%）	0.134	0.372	0.362	0.166	−0.276
	最大水体斑块面积（m²）	0.233	0.714**	0.651**	0.316	−0.466
植被格局	乔木覆盖面积（m²）	0.335	0.701**	0.535*	0.196	−0.345
	灌木覆盖面积（m²）	0.356	0.728**	0.750**	0.468	−0.619*
	地被面积（m²）	0.580*	0.298	0.235	0.104	−0.281
	乔木覆盖用地比例（%）	0.216	0.503	0.471	0.27	−0.372
	灌木覆盖用地比例（%）	0.227	0.502	0.626*	0.469	−0.577*
	地被覆盖用地比例（%）	0.215	0.041	0.144	0.2	−0.251
	乔木最高高度（m）	0.078	0.114	0.105	0.196	−0.122
	乔木平均高度（m）	0.051	0.357	0.411	0.248	−0.305
	灌木平均高度（m）	0.246	0.495	0.591*	0.439	−0.518*
	灌木最高高度（m）	0.307	0.47	0.45	0.226	−0.421

表 5-10（续）

变量类型	变量名称	个数	物种丰富度	多样性指数	均匀度指数	优势度指数
植被格局	乔木种类	0.124	0.122	−0.091	−0.236	0.141
	常绿乔木种类	0.296	0.482	0.455	0.184	−0.405
	落叶乔木种类	0.017	−0.068	−0.314	−0.366	0.351
	灌木种类	0.419	0.722**	0.793**	0.497	−0.709**
	常绿灌木种类	0.483	0.729**	0.759**	0.403	−0.679**
	落叶灌木种类	−0.118	0.025	0.119	0.235	−0.106
	地被种类	0.336	0.661**	0.780**	0.609*	−0.709**
	植被种类	0.391	0.640*	0.575*	0.281	−0.479

注："*"表示在 0.05 水平（双侧）上显著相关；"**"表示在 0.01 水平（双侧）上显著相关。

5.7.3 公共服务设施型地块

公共服务设施用地是高密度城市中心区半人工休闲绿化生境的典型土地使用类型。分析结果表明：公共服务设施型地块的建筑密度、容积率和绿地率 3 个开发强度变量与鸟类物种丰富度显著相关。绿地斑块的空间形态变量与物种多样性变量的相关性与整体情况类似，而水体斑块面积、边缘/面积比、平均面积和最大斑块指数显现出的相关系数大部分在 0.3 ~ 0.6 之间，但较多数据呈现出显著相关性。实际上公共服务设施型地块中的水面面积一般都比较小，且较为分散，但仍然具有一定的影响效果，这意味着在商业区、商务区等公共服务设施中增加水面可有效提高物种多样性。植被格局变量中，乔木和地被的影响效应较大，灌木层的各个变量中，除了灌木覆盖面积与个数和物种丰富度呈现显著相关，灌木覆盖用地比例与均匀度指数呈现显著相关以外，其他变量没有显现出显著相关，这可能与公共服务设施型地块的人类活动干扰较多，鸟类主要利用乔木冠层的休憩生态位和食性生态位以及地被层的食性生态位，而灌木层主要作为隔断绿篱功能有关（表 5–11）。

表 5-11 研究区域公共服务设施型地块建成环境变量与鸟类物种多样性变量的相关分析（Pearson 相关）

变量类型	变量名称	个数	物种丰富度	多样性指数	均匀度指数	优势度指数
开发强度	建筑密度（%）	−0.293	−0.570**	−0.746**	−0.568**	0.753**
	容积率	−0.536*	−0.648**	−0.527*	0.002	0.348
	绿地率（%）	0.402	0.636**	0.640**	0.235	−0.581**
	水面率（%）	0.051	0.100	0.232	0.289	−0.288
生态用地	绿地斑块面积（m²）	0.687**	0.745**	0.564**	0.074	−0.426*
	绿地斑块边缘/面积比（m/m²）	−0.327	−0.482*	−0.624**	−0.693**	0.702**
	绿地斑块密度（N/m²）	−0.231	−0.319	−0.504*	−0.746**	0.614**
	最大绿地斑块指数（%）	−0.179	−0.093	0.021	0.410	−0.187
	最大绿地斑块面积（m²）	0.421	0.544**	0.436*	0.064	−0.392
	最大绿地斑块边缘/面积比（m/m²）	−0.324	−0.420	−0.571**	−0.631**	0.635**
	绿地斑块平均邻近指数	0.310	0.495*	−0.386	0.594**	0.148
	绿地景观聚合度指数	0.359	0.663**	−0.722**	0.512*	0.722**
	绿地景观结合度指数	0.344	0.656**	−0.711**	0.510*	0.682**
	水体斑块面积（m²）	0.368	0.369	0.438*	0.276	−0.430*
	水体斑块边缘/面积比（m/m²）	0.360	0.384	0.522*	0.286	−0.499*
	水体斑块平均面积（m²）	0.612**	0.522*	0.428*	0.133	−0.382

表 5-11（续）

变量类型	变量名称	个数	物种丰富度	多样性指数	均匀度指数	优势度指数
生态用地	最大水体斑块指数（%）	0.495*	0.530*	0.510*	0.170	−0.444*
	最大水体斑块面积（m²）	0.567**	0.541**	0.436*	0.138	−0.373
植被格局	乔木覆盖面积（m²）	0.515*	0.658**	0.483*	0.077	−0.345
	灌木覆盖面积（m²）	0.537**	0.490*	0.318	0.047	−0.236
	地被面积（m²）	0.609**	0.700**	0.468*	−0.009	−0.373
	乔木覆盖用地比例（%）	0.322	0.565**	0.566**	0.329	−0.496*
	灌木覆盖用地比例（%）	0.025	0.069	0.263	0.463*	−0.366
	地被覆盖用地比例（%）	0.391	0.564**	0.438*	0.060	−0.381
	乔木最高高度（m）	0.248	0.158	0.193	0.048	−0.195
	乔木平均高度（m）	0.296	0.702**	0.727**	0.390	−0.664**
	灌木平均高度（m）	0.383	−0.024	−0.146	−0.218	0.149
	灌木最高高度（m）	0.212	−0.130	−0.210	−0.246	0.257
	乔木种类	0.432*	0.126	0.039	−0.080	0.003
	灌木种类	0.068	0.037	0.086	−0.034	−0.034
	地被种类	0.522*	0.454*	0.301	0.042	−0.227
	植被种类	0.409	0.226	0.155	−0.039	−0.088

注："*"表示在 0.05 水平（双侧）上显著相关；"**"表示在 0.01 水平（双侧）上显著相关。

5.8 本章小结

本章以上海市浦东新区世纪大道鸟类物种多样性为例，详细分析了中微观尺度下生物多样性的城市建成环境影响机制。总结如下：

（1）高密度城市中心区的鸟类群落结构单一，以留鸟居多，其中占主导地位的半人工休闲绿化生境的鸟类物种丰富度小于半自然公园绿地生境，居住用地比公共设施用地的物种丰富度高。具有面积较大的集中式中心绿地的高层居住区可以比开发强度较低的多层居住区拥有更高的鸟种物种丰富度，而仅有宅间绿地的高层居住区的鸟类物种丰富度最低。在商业区和商务区中，中心式绿地的布局形式也比周边式和入口式对鸟类物种丰富度更有利。

（2）人工废弃—自然演替的湿地生境具有比周边半自然公园绿地生境和半人工休闲绿化生境更高的鸟类物种丰富度和更优的多样性，鸟种群落结构更复杂，可以成为城市野生鸟类的重要"汇"生境甚至"源"生境。由于该类生境通常位于城市开发建设的备用地，随时可能因为城市的新一轮开发而被破坏，因此在城市更新中需要重点关注。

（3）鸟类群落的巢居空间和食性空间生态位需求主要位于乔木层和地被层，实际的微生境利用显示这两层也是鸟类利用最多的微空间，除此之外亦有大量优势种和常见种留鸟在建筑物/构筑物停留休憩，甚至觅食和筑巢。在多层建筑上，鸟类更多停留在 5 ~ 6 层以及屋顶，而在小高层和高层建筑上，更多利用 12 层左右作为停留休憩空间。

（4）不同的鸟类呈现出不同的空间选择偏好特征，在规划设计中需要考虑鸟类的食性空间和巢居空间生态位的趋近需求。

（5）建成环境变量中，对鸟类物种多样性有负面影响的变量包括：容积率、建筑密度，斑块密度，绿地斑块边缘/面积比、最大绿地斑块边缘/面积比等，其中建筑密度对鸟类物种多样性的负面影响最大，而容积率的影响一般，体现出在高密度城区建设中，减少建筑占地比例，为生物栖息提供更多地表可利用空间，可能是最有效的方式。

（6）具有正面影响的变量包括：绿地率、水面率、绿地斑块总面积、最大绿地斑块面积、绿地斑块平均邻近指数、绿地景观聚合度指数、绿地景观结合度指数、植被（乔木、地被）覆盖面积、植被种类、乔木平均高度等。其中乔木的平均高度影响较大，体现出鸟类在高密度城区对离地生境基层的适应性。

（7）在不同功能区中，公园绿地型地块的灌木层变量的影响与乔木和地被层相当，水体空间形态的效应在居住区和公共服务设施型地块中较为明显。

中微观尺度下影响生物多样性的城市建成环境变量及其影响效应详见表5-12。

表5-12 中微观尺度下影响生物多样性的城市建成环境变量及其影响效应

变量维度	变量类型	变量名称	影响效应
生物基层承载要素	生态用地	绿地斑块总面积（+）	面积效应
		斑块密度（－）	
		最大绿地斑块面积（+）	
		水体斑块平均面积（针对公共服务设施）（+）	
		最大水体斑块面积（针对居住区）（+）	
	空间形态	绿地斑块边缘/面积比（－）	边缘效应
		最大绿地斑块边缘/面积比（－）	
		绿地斑块平均邻近指数（+）	距离效应
		绿地景观聚合度指数（+）	网络效应
		绿地景观结合度指数（+）	
	植被规模	乔木覆盖面积（+）	面积效应
植被格局		地被覆盖面积（+）	
	植被结构	植被（乔木、地被、灌木）种类（+）	高度效应
	植被形态	乔木平均高度（+）	高度效应
		干扰边界/邻接边界比（－）	边缘效应
人工环境干扰要素	开发强度	建筑密度（－）	配比效应
	建设开发强度	容积率（－）	
		绿地率（+）	
		水面率（+）	

注："+"为正影响效应，"－"为负影响效应。

6

支撑多重生境生物多样性的
城市规划设计优化研究

6.1 城市生物多样性的建成环境影响要素

综合第 4 章、第 5 章的研究成果，将宏观和中微观尺度下的城市建成环境影响要素分别对应六维影响效应，并按照不同空间尺度和规划调控层级（总体规划、控制性详细规划、城市设计）划分，具体结果如下（表 6-1）。

表 6-1 体现不同影响效应的两个尺度城市建成环境对生物多样性的影响要素

空间尺度	宏观尺度	中微观尺度	
对应规划层级	总体规划	控制性详细规划	城市设计
配比效应	地均 GDP（-），建筑密度（-），人口密度（-），道路网面密度（-），高层建筑面积占比（-），耕地 / 水域及湿地 / 林地面积 / 野生动物重要栖息地面积比例（+）	容积率（-），建筑密度（-），绿地率（+），水面率（+）	
面积效应	生态用地面积（+），水域及湿地面积（+），耕地面积（+），公园面积（+）[含单个公园平均面积（+）]，野生动物重要栖息地面积（+）	绿地面积（+），斑块密度（-），最大绿地斑块面积（+），水体斑块平均面积（+），最大水体斑块面积（+）	乔木覆盖面积（+），地被覆盖面积（+）
边缘效应			绿地斑块边缘 / 面积比（-），最大绿地斑块边缘 / 面积比（-），干扰边界 / 邻接边界比（-）
距离效应		水岸—林丛邻近度（+）	绿地斑块平均邻近度（+）
网络效应	水网格局（+）	绿地景观结合度（+）	绿地景观聚合度（+）
高度效应			植被种类（+），乔木平均高度（+）

注："+"为正效应影响要素，"-"为负效应影响要素。

6.1.1 配比效应影响要素

配比效应影响要素主要体现人类与其他生物对城市有限空间资源的相互抢占机制。总体规划层级中体现人类城市开发活动对原生生物空间占用的负效应影响要素包括：建筑密度、人口密度、地均 GDP、道路网面密度以及高层建筑面积占比，体现生物承载空间保护的正效应影响要素包括：耕地面积、水域及湿地面积、林地面积、野生动物重要栖息地面积的比例。控制性详细规划层级体现人类城市开发活动的负效应影响因素包括：容积率与建筑密度，而具有正效应影响的绿地率和水面率则显示城市建设用地中仍有一定比例为生物栖居提供了有利基层空间。

6.1.2 面积效应影响要素

面积效应影响要素主要体现生物栖居和种群演替的最小面积规模，因此除斑块密度外基本全部为正效应影响要素。总体规划层级的影响要素主要体现在为维持生物承载和生态安全格局而保障一定规模的生态用地面积，主要包括：生态用地面积及其中的水域及湿地面积、耕地面积、公园面积、野生动物重要栖息地面积，另外单个公园的面积也很重要。这一效应在控制性详细规划和城市设计层级上得到延续。控规层面的影响要素包括：绿地面积、最大绿地斑块面积、水体斑块平均面积和最大水体斑块面积，而城市设计层面则更强调乔木层和地被层的覆盖面积。因此整个面积效应从大尺度的绿地土地使用到中尺度的绿地空间属性，再到小尺度的绿色植被覆盖都体现了生物承载基层空间的规模需求。

6.1.3 边缘效应影响要素

在城市环境中，边缘效应影响要素主要体现在尽可能减少人类活动对生物空间的干扰，因此全部为负效应影响要素。由于这一影响效应主要由绿地空间的形态所决定，因此主要体现在中微观尺度的城市设计层级，其中针对地块内绿地的影响要素包括：绿地斑块边缘 / 面积比和最大绿地斑块边缘 / 面积比。

6.1.4 距离效应影响要素

距离效应主要通过斑块间的邻近程度影响生物在不同斑块中的移动和物质能量交流。主要影响要素为城市设计层面的地块内部绿地斑块平均邻近度；另外根据 5.4.4 小节的研究分析，滨水地带水岸与林丛的邻近程度作为表达水鸟食性与巢居生态位趋近偏好的指标，也可纳入控规层面的空间要素。事实上亦有不少研究证明了宏观尺度上各类生态用地的景观邻近性对生物多样性的影响，本研究认为在已建成区的总体规划层级，较难对各类生态用地的邻近度进行调控，因此没有将总体规划层级的距离效应纳入分析框架。

6.1.5 网络效应影响要素

网络效应主要通过连接成体系的廊道网络影响生物在各斑块间的迁徙、日常活动和跨斑块的非近亲种群繁殖，这对于城市的小斑块、远距离、破碎化的生境尤其重要。总体规划层级的影响要素主要通过相对天然的水网景观格局予以实现，而控规和城市设计层级则体现为绿地景观聚合度和绿地景观结合度 2 个景观连通性和聚散性要素。

6.1.6 高度效应影响要素

高度效应是高密度城市生物承载空间的特殊效应，第 5 章的研究已经表明，高层低密度的地块在生物多样性表现上并不一定比低层高密度地块更糟糕，在地面空间资源有限的情况下，立体空间增加的建筑表皮也可以为生物提供一种离地的新生境。以鸟类为例，由于飞行的生理需求，鸟类对垂直空间生态位的需求与人类活动形成了一定的错位关系。研究已经证实了鸟类对建筑垂直表面的利用情况，因此立体绿化及其位置（设在哪一层）可以作为高度效应在城市设计层级的影响因素。此外，由于鸟类对乔木层的食性、巢居和休憩空间生态位的需求，植被高度和种类（尤其是乔木的高度和种类）也成为重要的影响因素。

6.2 基于城市建成环境生物多样性绩效的规划设计调控模式

本节提出了"城市建成环境的生物多样性绩效"的概念及其综合评价模式，并指出了提升多重生境生物多样性绩效的规划设计调控目标。

6.2.1 城市建成环境的生物多样性绩效综合评价

绩效（Performance）意为"成绩、成效、性能"，可引申为"效果、效率"。颜文涛等（2012）将"城市空间结构的环境绩效"界定为"城市要素的空间布局及其各要素间相互作用产生的环境效果或环境性能，主要包括能量流动、物质循环、生物多样性3个层面的内容"。本研究借鉴此概念将"城市建成环境的生物多样性绩效"界定为**"城市建成环境要素的空间布局及各要素间的相互作用对生物多样性的影响效果与效应"**。

根据第3章的关联影响理论以及第4、5章的实证检验，城市生物多样性的建成环境影响要素包括生物基层承载要素和人工环境干扰要素两个维度，本研究由此定义一个城市建成环境的生物多样性绩效综合评价模式，简称为"城市生物多样性绩效评价"（Urban Biodiversity Performance Assessment，UBPA），从生物基层的空间质量 Q（Quality）和人工环境的干扰压力 P（Pressure）两个角度对一定城市空间范围内建成环境的生物多样性绩效进行评价。

如图 6-1 所示，纵轴代表" Q "值，即一定边界以内的生物基层空间质量改善评价指标，横轴代表" P "值，即一定边界内及周边的人工干扰影响评价指标。城市建成环境的生物多样性绩效（Urban Biodiversity Performance, UBP）以过原点的一条直线的斜率来表达，斜率越大（反映为直线越陡峭）则对应的城市建成环境生物多样性绩效越好。

6.2.2 提升城市建成环境生物多样性绩效的规划设计调控目标

近自然农林与水域生境、半自然公园绿地生境、半人工休闲绿化生境、人工硬质界面生境、人工废弃—自然演替生境在 UBP 综合评价模型中位于不同的干扰范围和质量范围，由此呈现出不同的斜率等级。由图 6.1 可以看出，Q 值越大，P 值越小，则城市生物多样性绩效越高。由此可见，在城市规划设计中，对多重生境的生物多样性绩效的建成环境空间调控主要是增加 Q 值并减小 P 值。根据第 4、5 章的实证研究，Q 值的增加主要取决于建成环境空间要素及其构成的"四度"——密度、集中度、连通度和高度的提升，而 P 值的减少则取决于开发强度的降低和人工—自然隔离度的增加。此外，有意识的保育并增加自然叠合度更高的近自然、半自然生境面积对整体生物多样性的贡献更大。实证研究已经表明，质量较好、面积较大的近自然生境，受周边干扰的影响相对也较小。而在高密度城市环境中，市民日常最易感知的半自然、半人工和人工生境的生物多样性绩效跨度很大，是"提质"和"减压"的主体。对于人工废弃—自然演替生境而言，城市更新开发可能带来更多的人工干扰压力，因而确保其空间质量不会下降是调控的主要目标。

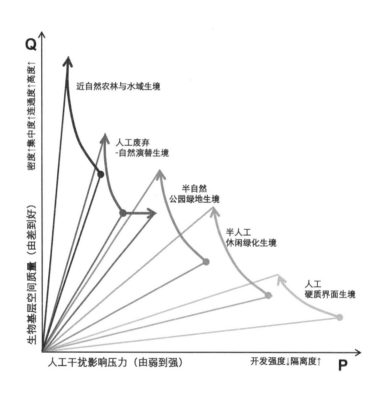

图 6-1 城市建成环境的生物多样性绩效综合评价模式及多重生境的调控方向

需要指出的是,已有大量文献证明,建成环境要素在环境学意义上的质量,如大气环境、水环境、土壤环境、声环境等,也都对生物多样性的绩效产生直接影响,但由于本研究主要从城市规划的视角讨论空间规划中可以进行直接调控的建成环境空间要素,因此没有将此类传统环境要素的质量评价纳入 UBP 综合评价模型,而"生物基质的空间质量"和"人工干扰的影响压力"两个维度的建成环境空间要素与大气环境、水环境、土壤环境、声环境等环境要素质量之间也存在紧密联系,这将在后续相关研究中予以进一步探究。

6.3 提升城市建成环境生物多样性绩效的规划设计优化原则

城市规划是对城市未来发展的城市空间资源的合理调配布局和统筹安排,需要考虑生态、社会、经济各个维度的发展需求。生物作为城市中除了人以外的有机生命体,理应与人一样享受城市的空间资源。在城市空间规划体系中导入生物多样性视角,增加保护和提升城市建成环境生物多样性绩效的规划内容,不仅有利于生物的生存与繁衍,也能为人类创造更宜居的环境,增加城市复杂生态系统的稳定性和应对外界扰动的韧性。根据现有规划体系的不同层级及其相应的规划目标和内容,对应六维生物多样性影响效应,分别提出总体规划、控制性详细规划和城市设计三个规划设计层级基于城市建成环境生物多样性绩效的基本优化原则(表6-2)。

表6-2 提升城市建成环境生物多样性绩效的规划设计优化原则及其影响效应

影响效应	总体规划	控制性详细规划	城市设计
配比效应	保量	增量	—
面积效应	划区	集绿	—
边缘效应	定级	—	降扰
距离效应	—	控距	—
网络效应	联网	通廊	提效
高度效应	—	—	适植、共生

6.3.1 总体规划层级——保量、划区、定级、联网

城市总体规划是城市宏观战略层级协调城市空间资源的总量配置和结构性布局,在中国高密度城市建设背景下,总体规划层级对城市建成环境生物多样性绩效的提升,

首要议题在于"保护"，即针对土地、水、环境等城市发展的瓶颈制约要素，在有限的城市资源中尽可能维持和保护尚未遭到人工环境侵蚀的残存自然和近自然生物栖息地，构建有利于实现城市人居环境建设与生物栖居之间动态平衡关系的空间布局结构，维护整个生态系统的稳定和演化。其主要规划原则包括以下四条。

（1）**保量**：人类的城市建设过程从某种程度上而言是在蚕食原生生物的家园，因此以支撑生物多样性为导向的城市规划设计，首要任务就是合理分配人类活动和生物栖居的土地空间资源"权属"，将生物生境空间视为规划资源调配的底线之一优先考虑，设定保障既有生物资源的基本空间阈值目标，尽可能保证以生物多样性保护为主要生态系统服务功能的土地空间资源在所有用地中占据相当比例，水域、湿地、耕地、林地等生态用地实现分类均衡，在较长的规划期限内不再进一步受到人类建设活动的侵占，并将相关要求纳入城市增长边界和建设用地规模指标中。

（2）**划区**：在确定生物空间资源需求的基础上，基于充分的生物多样性信息，分析城乡用地的生物空间承载属性，进行生态功能区划，划定对保护生物多样性具有不可替代意义的自然和近自然生物生境重要斑块，确定它们的位置、范围和规模，形成外围生态环境屏障，纳入城市规划禁建区、限建区、适建区生态控制红线。

（3）**定级**：对红线内的保护区进行分级细化，确定保护级别和相应的（禁建、限建）空间管制措施以及人类活动频率限制，提出周边社区与保护区的安全距离以及准入建设项目要求。对保护红线以外的半自然生境，如城区中规模较大的公园绿地，建议以人类休闲活动与生物栖居互动的双重视角设定适建管制要求，并考虑作为补充性的生物栖息地，与保护性栖息地共同构成保护体系。

（4）**联网**：孤立的栖息地片区只能维护单一种群的生存，不利于种群间的基因交流与能量交换，因此需要通过"集聚间有离析"（aggregate-with-outliers）（Forman，1995a）的生态学原理，将不同级别、不同大小的自然、近自然、半自然斑块沿主要自然边界地带的"踏脚石"串接，形成网络化的生物空间基底，并将人类活动地带布置在沿主要的自然边界地带的"飞地"，减少对主要自然生境区的干扰，保障生物物种的生存、迁徙和进化。

作为城市规划编制工作的第一阶段，总体规划层级的生物多样性提升规划，是下一层级规划建设和管理的重要依据。

6.3.2 控制性详细规划层级——增量、集绿、控距、通廊

控制性详细规划是控制建设用地性质、使用强度和空间环境的规划，主要通过传递控制目标、划定控制边界和确定控制指标，对于调控城市的生态环境，具有显著作用。这一层级的生物多样性规划在目前的规划体系中最为薄弱，故而是最需要强化的一环。根据控制性详细规划定线、定界、控量的基本职能，这一层级的生物多样性规划的主要目标有四项。

（1）**增量**：基于总体规划确定的发展目标、保护性生物生境重要斑块和补充性生物生境斑块控制要求，针对集中建成区和非集中建成区分层落实指标，在高密度高强度开发模式下，尽可能增加承载生物生境的绿色基础设施的基层空间规模，提出不同功能区块的生态基础设施控制指标和建设要求。

（2）**集绿**：倡导以集中式绿色基础设施（绿地、水体）为核心的生态绿地系统布局结构，并提出相应的位置、尺度和形状要求，将重要绿地和水体纳入城市绿线和蓝线进行边界控制管理。

（3）**控距**：依据生物物种的行动半径以及对食性空间和巢居空间生态位的趋近需求，确定具有不同生物生境承载功能的生态绿地之间的间距。

（4）**通廊**：通过沿道路、河道的线性生态廊道将不同尺度的绿色基础设施连通，形成点、线、面、廊的生态绿网，并确定廊道的等级、功能、宽度及建设要求。

6.3.3 城市设计层级——提效、适植、降扰、共生

城市设计是对城市形态和空间环境所作的整体构思和安排，是落实城市规划、指导建筑设计、塑造城市特色风貌的有效手段。提升城市建成环境生物多样性绩效的城市设计，主要在于调控各种直接面对生物基质空间的形态布局，在所有的地面和垂直空间为生物提供生存所需的食性、巢居和休憩生态位潜力，形成网络化的微自然系统，提升人居空间承载生物栖居的能力。其主要原则有四条。

（1）**提效**：基于不同的生态系统服务主导功能，对地块内部微观生境的生态效益进行研究，结合景观视觉功能，确定提高生态效益的建设与更新要求。

（2）**适植**：对生境斑块提出种植引导要求，包括植被种数、复层种植结构、植被高度、选种要求等。

（3）**降扰**：对与人居环境高度重叠的都市型生物生境斑块，提出降低人类干扰的空间布局和植被配置引导要求，尽可能实现生物空间与人居环境的"隔而不分"。

（4）**共生**：在人工构筑结构表面为生物创造一定的微生境停留、觅食甚至巢居空间，提出相应的设计要求，增加生物的栖居空间界面，实现人与其他生命体在城市立体空间中的时空错位和双赢共生。绿色屋顶以及具有一定高度的绿墙和绿色立面可以提供免受人类影响的栖息地和种植环境。从生物多样性的角度来看，其潜在的好处是脱离地面的种植环境以减少受到高强度的人类干扰，并有可能成为生物多样性的庇护所。例如，绿色屋顶能够使鸟类远离猫、狗等在地面活动的捕食者。

6.4 提升城市建成环境生物多样性绩效的规划设计优化策略

本节从总体规划、控制性详细规划、城市设计三个层面，提出提升城市建成环境生物多样性绩效的规划设计优化策略。

6.4.1 总体规划层级

1. 优先考虑生态用地限定阈值，细化各类生态用地比例

在过去 30 年的城镇化快速发展过程中，由于城市空间向外快速扩张和蔓延，生态用地被占用和空间分割现象比较突出，与城市建设用地形成了此消彼长的关系。城市建设土地资源的非集约化利用，使得上海等国内城市的生态用地比例已经逼近维护城市生态安全格局的底线，生态赤字不断扩大。作为城市生命系统的重要组成部分，生物多样性对维护整体系统稳定性的重要性已经得到了认可和关注。因此在城市总体规划阶段，应将生物多样性作为优先考虑的本底条件和制约因素，采取"先生后人"的原则，优先确定维持生物多样性的生态用地阈值空间，再进行建设用地空间配置。各类既有保护区和潜在近自然、半自然生境的生物多样性普查，应通过各部门的协调，在总体规划编制周期中适当提前，以便相关数据和重要栖息地空间范围可以为总体规划的修编所采纳。

国外大城市生态用地的比例一般在 50% 以上，60% 以上为良好水平（李健 等，2014）。《上海市生态保护红线划示规划方案》提出到 2020 年生态用地比例力争达到 50% 左右的目标，只是基本守住了底线。从保护生物多样性的视角，在确定当前生态

用地不再被侵蚀的基础上，应对仍具有一定自然和近自然生态保育功能的用地进行修复，逐步提高比例，未来考虑在 60% ~ 70%。对于因自然扩张而增加的城市土地资源，如沿海滩涂资源，也应优先纳入生态用地进行控制。

生态用地一般包括林地、草地、水域及湿地，根据不同城市的生态用地构成及其生物承载功能，可进一步细化林地、湿地、耕地等生态用地的比例，如对 70% 以上的野生脊椎动物种位于沿海滩涂湿地的上海而言，可进一步设定湿地资源保存率作为生态用地的细化指标。对于以山地作为主要生物承载空间的城市，可强化山林覆盖率作为细化指标。

2. 建立"自然保护区—重要栖息地—补充栖息地—共生栖息地"的全域多重生境保护网络

在现有以自然保护区为主的野生动物保护栖息空间管控基础上，将野生动物重要栖息地也纳入相应的生态红线管控范围，实行严格的禁建和限建控制。在保护区和重要栖息地之外，增加城市近郊的野趣公园作为补充栖息地，将中心城区面积较大、生态状况较好的城市休闲公园作为人与其他生物共生的栖息地，形成四级保护网络，共同承担生物多样性保护任务。对每一级别的栖息地提出不同的开发空间管制和人类活动频率限制。同时，持续监测四级栖息地的物种资源，建立与空间信息库相连的动态数据库。

野生动物重要栖息地本质是小型的自然保护区，其设立的目的在于最大限度使城郊自然保护区外的野生动物栖息地免于人类活动的干扰，同时兼顾周边社区的发展。随着中国各大城市的建设从中心城区转向郊区，不可避免会导致郊区野生生物适宜的栖息地在城市化的进程中逐渐消失、片段化或破碎化（汤臣栋 等，2003），因此严格划定野生动物重要栖息地被部分城市提上议程。如 2013—2015 年，野生动物重要栖息地建设和极小种群恢复项目被纳入上海市林业三年发展规划。

城市野趣公园指以保护和营造野生动植物栖息地为首要功能的公园，区别于以人的休闲活动为主要功能的综合性公园。野趣公园可用郊野公园、自然公园、生态公园的形式命名。如上海已在郊区初步选址 21 座郊野公园，规划生态用地 3 500km^2，2016 年底前有 5 座郊野公园陆续开放。野趣公园也可以作为补充性的野生动物栖息地。与野生动物重要栖息地一样，野趣公园也应设定一定的规模，以保障一定比例的生物群落的栖居和繁衍。这一方法为众多学者所采用，Fernández Juricic 等（2001）对西班牙的马德里、日本的大阪以及美国、斯洛伐克和波兰的一些城市的研究发现，这些城市中鸟类需求的最小公园面积在 10 ~ 35hm^2 之间，这一数据为以鸟类栖息地营造为主的城市公园的设计提供了一定的生物学标准，规划师可根据目标物种[1]的栖居要求并综合考虑缓冲区和游人活动区的规模需求设定补充栖息地的最小面积。

3. 提高城市生态河网的连接度

第4章证明了水系景观的网络闭合度（α指数）、线点率（β指数）、网络连接度（γ指数）对区域生物多样性的影响。在河湖水系中，生态河道指的是其中具有合理的生态系统组织结构和良好的运转功能，对长期或突发的扰动能保持着韧性、稳定性以及一定的自我恢复能力且景观良好的河道，通常被认为具有栖息地（Habitat）、通道（Conduit）、过滤（Filter）、源（Source）、汇（Sink）五大功能，在城市生态网络的建设中具有不可取代的作用，可与道路和绿地形成复合生态基底，连接重要栖息地节点，充分发挥网络效应。生态河流可以是自然形成的河道，也可以是经过生态修复的河道。生态河网连接度反映的是具有生态廊道效应的河流的网络结构。在城市生态网络建设中，应重视河流的生态化修复和河网水系的连通性，通过建设具有一定规模的城市水网节点和连通性较高的生态廊道来提高城市生态河网景观节点之间联系的有效性，解决由于廊道分割而导致的不同城市生态景观斑块之间可达性较低的问题，满足生物栖息、迁移和基因交流的需求。

4. 适当控制城郊地区开发强度，避免开发建设侵扰对关键自然地

第4章的分析结果已经证实了过高的开发密度和开发强度，会对宏观尺度的生物多样性带来负面影响。在高密度的城市中心区已经饱和的状况下，城市建设不可避免向郊区蔓延，适当控制郊区的整体开发密度，倡导紧凑式开发，可以避免更多的原生自然地被侵占。此外，第4章的研究也证实了上海近郊开发对野生动物重要栖息地质量的影响，因此郊区的开发建设也应选择远离关键自然栖息地的位置，或设置一定规模的缓冲区，从而减少对自然栖息地的侵扰。

---

1. 不同物种的栖居、捕食和迁徙都对空间有着不同的规模和形态要求，在现实中不可能针对所有物种进行有针对性的研究。生态系统的"关键物种"理论指出，在生态系统的生物群落中，总有一个物种，它的存在对群落结构的稳定、正常演替以及持续性具有调控的作用，通过保护该物种可以一定程度上实现该生态系统的多样性。空间规划设计的目的在于为目标群体所使用，这一目标群体无论是人还是生物，都具有一定的指向作用。因此，本书所提出的多项指标的设定方法均考虑以某一种或数种物种作为目标使用者，且对应不同层级的规划内容来确定，以保证相应层级的规划满足对应物种的空间需求。在高密度城市中，总体规划层级的目标物种通常为小型哺乳动物和鸟类，而控制性详细规划和城市设计层级的目标物种则以鸟类和昆虫为主。

6.4.2 控制性详细规划层级

1. 以 "汇—廊—踏脚石"生境链系统构建半人工生境的绿地格局

本研究的分析结论证明了绿地斑块集中、间距近、连通性强都有利于鸟类物种多样性。在无法提供大量规模化绿化用地的半人工休闲绿化生境中，通过设置小尺度绿地斑块，提供动物自由移动的"踏脚石"和"中转站"，增加城市的景观连接度是十分必要的。以城市商住混合区为例，笔者提出一种分级集中、逐级连通的绿地空间格局，即通过较大规模的集中绿地和中等规模的组团绿地以及道路绿地、街头绿地和附属绿地等面积有限的微小绿地，以廊道贯通相连，形成不同等级的物种"踏脚石"。最大集中绿地作为物种"汇"生境，提供物种所需的食性空间甚至巢居空间，而组团绿地作为生物在地块内移动的停歇踏板，通过廊道强化物种在地块内部的交流。街头绿地、街边绿地、道路绿地共同提供物种跨地块迁移与基因交换的中转服务（图6-2）。

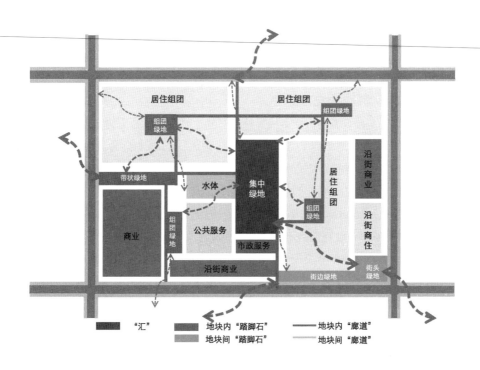

图6-2 城市商住混合区的生境链系统图示

其中，最大集中绿地（汇）、绿色廊道（廊）是生境链系统的关键要素。

（1）最大集中绿地

集中绿地指大片集中的绿化带，是除了宅间绿地和路旁绿地外的成片块状或带状绿地，以居住区为例，《城市居住区规划设计规范（2002年版）》（GB 50180—93）规定：块状或带状公共绿地应满足宽度不小于8m、面积不小于400m²且有不少于1/3的绿地面积在标准的建筑日照阴影线范围之外的要求。最大集中绿地指地块内集中绿地中面积最大的块状或带状绿化带，一般是中心绿地，具有一定规模的最大集中绿地对生物多样性更有力，也有形成"汇"生境的更大潜力。

（2）绿色廊道

在城市环境中，生物栖息地之间的间距即便在平面上较为接近，也可能被建筑物或构筑物阻隔，因此在缩短间距的基础上，还必须强化廊道的作用。控规层级的绿色廊道主要包括绿道、街道、步行道、河流廊道等线性空间，起到连接块状或带状集中绿地和点状小型绿地"踏脚石"的作用。在规划中可根据现状以及廊道串接的节点数分别确定道路型和河流型廊道的等级和主要生态系统服务功能，根据目标物种的迁徙和移动需求确定廊道宽度，以满足鸟类活动和本土草本植物稳定种群的需求。绿色廊道网络可以纳入绿线和蓝线边界进行控制。

2. 鼓励人工水面的生态化建设

水体作为绿色基础设施的重要组成部分，为城市生物提供所必需的饮水空间生态位。在本研究中，具有水面的地块的生物多样性整体上更优。除了吸引游禽、涉禽等依赖于水生环境的鸟类外，林鸟也经常被发现在水畔饮水和驻留。第5章的相关分析还证明了住区和公共服务设施用地中，水体斑块总面积、最大水体斑块面积以及边缘/面积比与物种多样性的显著相关。但在调查中笔者也发现，大部分城市地块内部的水体均为死水，缺乏水循环，如果得不到有效管理，极易干涸，从而成为人和其他生物都不愿意问津的灰色地带。笔者认为，在上海这类水资源相对丰富的城市，应鼓励开发商建造具有生态效益和生物支持功能的人工水面，在水景观设计中模仿自然水体生境，使水体的纯景观功能向自然循环功能提升。

3. 在滨河地带一定范围内设置成片密林

河岸潮间带是夜鹭等水鸟的食性空间，为了满足这一特殊物种食性空间与巢居空间的趋近需求，在滨河地带的生态化建设中，应考虑在离岸距离较近的合适位置保留或种植一定规模的成片密林，作为滨水地带绿地配置的要求之一纳入控规，密林的离岸距离应小于目标物种的觅食活动范围。

4. 重视废弃地自然演替后在城市更新中的自然资产价值

根据本研究，人工废弃后自然演替的用地，往往比周边地区拥有更好的生物多样性。然而，随着城市发展的推进，部分作为开发预留地的废弃地将会重新得到启用。如第 5 章研究中所涉及的上海科技馆小湿地，作为花木行政文化中心的文化设施预留地，已成为上海博物馆东馆的选址。规划程序上看无可厚非，但作为上海中心城区内唯一一处有两种以上野生水鸟繁殖的开放式湿地，其生物支持价值是半自然公园和半人工休闲绿地所无法替代的。上博东馆目前已完成了国际设计竞赛，获奖方案也希望对现有生态系统作出回应，但文化展馆的大体量建设从根本上就否决了这种可能性。因此，笔者认为，在城市更新中，应当首先对废弃 10 年以上、可能经历了自然演替的废弃地的自然资产价值进行评估，将自然资产与土地价值综合考虑后确定准入的更新项目内容与建设规模，以便在开发和保护之间取得平衡，强化这一城市特殊生境对城市生物多样性的贡献。

6.4.3 城市设计层级

1. 优化成片集中绿地的形状和配置间距

相较于线状的宅间和路边绿地以及点状的街头绿地而言，成片集中绿地具有更好的自然生态系统支持功能，也更易形成相对隐蔽的绿化环境，从而成为生物栖居的最小单元。集中绿地的形态和间距对于生物基质环境的质量至关重要。第 5 章的研究结果表明，最大集中绿地边缘 / 面积比越小，对于鸟类物种多样性越有利。因而在保证最大集中绿地规模的情况下，可以进一步优化最大集中绿地的形状，圆形的形态优于正方向，正方形又优于长方形，在相同面积情况下，形态指数（边缘 / 面积比）越小越不易受到外界的人工干扰。

过去的绿地配置设计，一般采用"绿地服务半径"或"绿地可达性"作为距离类指标，较多考虑人的活动距离，而很少以生物的活动范围来考虑。为了提升城市建成环境的生物多样性绩效，需要将生物栖息的成片集中绿地之间的距离维持在生物行动能力半径之内，减少生物移动的障碍，增加物种交流繁殖的机会。图 6-3 罗列了部分物种的行动间距，如甲虫、蚂蚁和伯劳离开隐蔽绿地的范围不超过 50m，白头翁和青蛙不超过 150m。

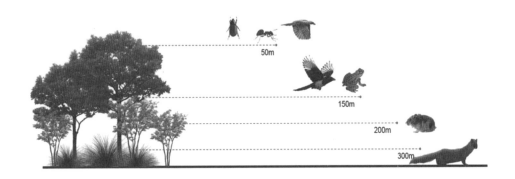

50m

150m

200m

300m

图 6-3 动物离开隐蔽绿地的行动距离

（图片改绘自：林宪德. 城乡生态 [M]. 台北：詹氏书局，2001：图 1.5）

2. 倡导乔灌草复层种植结构和食源性乡土植被

第 5 章的研究已经证明了多层次的植物配置更有利于鸟类的生存。复层植被构成了多样化的生存环境，以常绿乔木为主，结合落叶乔木、灌木和地被构成复层群落模式，尤其对于鸟类而言，可以使其生活于树冠，筑巢于枝干，游走于灌木间。不同种类的鸟类和昆虫，活动的空间高度和位置也不同，多层次的种植方式可以使各植被层成为众多生物的家园。由于乔木层和地被层是生物巢居和食性空间生态位的主体，因此需要密切关注这两层的配置。

在进行植物配置时，首先确定乔木的种类数。相关研究表明，对于 2hm² 以上的基地而言，通常最低的乔木种类应在 20 种以上，最低的灌木种类应在 15 种以上，比较符合植物多样化的最低理想（林宪德，2007）。此外，自然界中的乔灌草比例是 1：7：22，地被草本的比例很高，但目前大多城市绿地系统规划中的树种规划在确定乔木、灌木、草本种类比例时，乔木种类的比例明显偏高，草本植物种类的比例明显偏低（郝日明 等，2015），严重制约了城市绿地中植物多样性水平的提高，也影响了其他物种的生物多样性。从师法自然的角度看，应在保证乔木种数的前提下，尽可能提高灌木和草本植物的种类，使乔灌草种植比例趋近于自然状态，并且在种植设计中尽可能采用自然或近自然的布局手法，模仿自然生态群落，顺自然之理，传自然之韵，提升植被景观的自然度。

考虑到植物为鸟类等物种所提供食性生态位，在大型绿地、绿廊及其周边立体绿化的植物配置中考虑生物链之间的相克相食，以食源性的乡土植物来引诱更多样的生物栖息，提供更丰富的食性空间生态位。本地区可供选择的食源性乡土植物详见表6-3。

表6-3 长江中下游及周边地区食源性乡土植物

植物类别	食源性植物
乔木类	棠树、朴树、构树、桑树、重阳木、苦楝、乌桕、大叶女贞、石楠、椤木石楠、丝棉木、潢川金桂
灌木类	野樱桃、火棘、柘树、海桐、水蜡树
攀援蔓生灌木	野蔷薇、扶芳藤、忍冬、爬山虎
地被植物类	阔叶麦冬、蛇莓

（来源：童效平，周莉，杨萍萍. 鸟的食源性乡土植物及其应用 [C]// 中国植物园学术年会论文集. 中国南宁，2009.）

3. 分层立体绿化作为离地生境斑块和廊道

本研究已经初步论证了立体空间界面基质为城市野生鸟类提供生境的潜力。随着高密度城市的土地日益紧张，采用立体绿化等新技术来增加三维空间的绿化表皮面积，成为很多城市生态建设中的重要举措。但大部分研究和实践主要着眼于立体绿化的视觉效果和维护管理，而对立体绿化的生态绩效尤其是生物多样性绩效却很少涉及。国外已有研究表明，屋顶花园所提供的离地生境可为野生动物创造传粉、觅食、庇护、保护条件并提供原始资源，能够对多样性和生态环境产生广泛的积极影响（Brenneisen，2006）；垂直绿墙也可以作为城市重要的潜在生境支持丰富的物种生存（Francis，2011）。

通过财政补助、绿地率换算和容积率奖励鼓励立体绿化建设，可以增加为生物提供离地微生境的绿色表皮面积。根据建筑的功能属性，综合考虑周边乔木的高度，在立体绿化的适当高度增加鸟类等物种觅食和巢居的可能性，形成垂直向的"踏脚石"生境，如在住宅设计中设置不同层次的空中花园，在建筑立面设置悬挂式食源植被槽，在屋顶与地面绿地之间设置攀援植物或建设绿色墙体等迁移走廊，与周边生态栖息地相连接，为昆虫和小蜥蜴等动物提供一条三维绿色通道，提高多层次绿化的生物利用效率（图6-4，图6-5）。

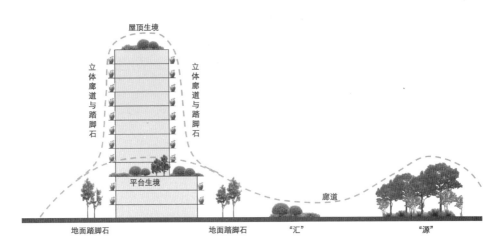

屋顶生境

立体廊道与踏脚石

立体廊道与踏脚石

平台生境

廊道

地面踏脚石　　　　　地面踏脚石　　　　"汇"　　　　"源"

图 6-4 离地生境斑块与廊道系统示意图

图 6-5 离地生境斑块与廊道典型案例

（左：马尔默市奥古斯特堡屋顶植物园的鸟屋，图片来源：http://www.greenroofs.com/projects/pview.php?id=60；
右：印度某住宅小区的垂直"踏脚石"，图片来源：https://www.gooood.cn/magic-breeze-sky-villas-by-penda.htm）

4. 城市建筑物、构筑物以及街具设计中考虑鸟类筑巢的孔洞偏好

部分城市野生鸟类有利用建筑物孔洞筑巢的习性，因此在城市建筑立面、雕塑和街道家具的设计中，可以有意识地预留孔洞，主动为相关鸟类提供巢居空间。如德国在新建建筑和建筑改造中，有意识地为依赖建筑栖居的雨燕、鸽子以及蝙蝠提供筑巢空间（图 6-6）（Werner et al., 2016）。又如静安雕塑公园中一座用茅草搭筑的雕塑，吸引了大量的麻雀筑巢（图 6-7 左）。无独有偶，北京奥林匹克公园曾修建了一座雨燕塔，这是国内第一个为动物建造的人工建筑，共建造了 2 240 个巢穴（图 6-7 右），但在使用过程中没有吸引到雨燕却沦为了麻雀塔。其主要问题在于巢箱的洞口尺寸过小，且密度太大，在食物有限的情况下大大增加了雨燕的种间竞争，致使雨燕无法适应这样的人工巢穴。由此可见，在孔洞空间的设计中，需要仔细考虑目标物种的巢居空间、食性空间以及种群密度等条件。

图 6-6 德国某地的建筑立面改造中整合了为雨燕和蝙蝠筑巢所留的孔洞

（图片来源：Werner P, Groklos M, Eppler G, et al. Schutz gebäudebewohnender Tierarten vor dem hintergrund energetischer Gebäudesanierung. Hintergründe, Argumente, Positionen. in Städten und Gemeinden [R]. Technical Report for BFN, August. 2016.）

图 6-7 利用鸟类筑巢孔洞偏好的城市雕塑和构筑物实例

（左：上海静安雕塑公园中一座雕塑吸引了大量麻雀筑巢；右：北京奥林匹克公园雨燕塔，图片来源：http://blog.sina.com.cn/s/blog_59392fbd0100g0fz.html）

6.5 提升城市建成环境生物多样性绩效的规划设计关键指标

　　基于 6.1 节所归纳的影响要素变量，结合城市总体规划、控制性详细规划和城市设计三个空间层级，分别提取基于城市建成环境生物多样性绩效的规划设计关键指标，作为设计策略的补充和深化调控要求。指标提取原则如下：

　　（1）以规划设计可操作性、可管理性为首要原则将影响要素变量转换为规划设计控制引导指标，部分转换成更易理解的指标名称，部分则提取了要素内涵中的核心成分作为可调控的指标；

　　（2）将具有同类效应的相关影响要素适量合并为同一指标；

　　（3）对照现有规划设计指标体系将指标分为提升指标和新增指标。

　　根据以上三条原则，研究共提取了 5 项优化指标，分别为总规层级 1 个，控规层级 2 个，城市设计层级 2 个（表 6-4）。

表 6-4 提升城市建成环境生物多样性绩效的规划设计优化指标

规划层级	指标编码	指标名称	指标单位	指标类型	对应规划设计原则	对应影响要素	对应影响效应
总体规划	M1	野生动物重要栖息地用地面积↑	hm²	提升	保量	野生动物重要栖息地面积	面积效应
控制性详细规划	R1	绿色基础设施面积比例↑	%	提升	增量	绿地率，水面率，建筑密度	配比效应
	R2	最大集中绿地面积↑	m²	新增	集绿	最大绿地斑块面积	面积效应
城市设计	D1	绿化用地植林率↑	%	新增	提效	乔木覆盖面积	面积效应
	D2	乔木平均高度↑	m	新增	适植	乔木高度	高度效应

注："↑"表示控制下限指标；"↓"表示控制上限指标。

M1- 野生动物重要栖息地用地面积（hm²）

指标释义：6.4.1 小节已经说明了划定野生动物重要栖息地的价值。根据保护生态学理论，任何种群都有其生存所必需的栖息地规模要求。以鸟类为例，只有大规模植生良好的绿地才能同时容纳密林性、森林性、林缘性鸟类栖居，达到生物多样性的目的。因此栖息地面积必须达到某一水准才能符合最基本的野生生态条件。

设定方法：根据某一个栖息地目标物种种群的栖居要求设定，如林地型栖息地可以鸟类种群的栖居要求来设定。

R1- 绿色基础设施面积比例（%）

指标释义：绿色基础设施（Green Infrastructure）是相对于公路、下水道、公用设施线路"灰色基础设施"（Gray Infrastructure），或者学校、医院甚至监狱等"社会基础设施"（Social Infrastructure）而提出的一种概念，其本质是城市可持续发展所依赖的自然系统，是城市及其居民持续获得自然服务的基础（安超 等，2013)，通常被认为在生物多样性保护与提升方面能发挥重要的支持作用。绿色基础设施由多功能的开放空间所组成，在控规层级，人工化的设施如具有一定的自然生命支持功能，都可以纳入绿色基础设施范畴，主要包括公园、社区绿地、街头绿地、水体及滨水绿地、绿廊、池塘、雨水花园、步道以及一些湿地和林地等自然保留区域。绿色基础设施面积比例(%)＝各种绿色基础设施面积总和／用地面积。

传统规划中一般采用绿地率、绿化覆盖率和人均公共绿地面积作为绿色空间的控制指标，侧重于为人提供享受绿化、陶冶身心的服务，而绿色基础设施更强调绿色空间的自然生命支持系统功能。当绿地过于关注人工造景而忽略自然生态过程时，则绿色基础设施面积比例小于绿地率；而当各种绿色空间要素均具有自然生态支持能力时，绿色基础设施面积比例的涵盖范畴显然比绿地率更广。以"绿色基础设施面积比例"作为"绿地率"的提升指标，本质是强调支撑生物栖居的绿色空间的自然生态化导向。

设定方法：绿色基础设施面积比例＞绿地率。

R2- 最大集中绿地面积（m²）

指标释义：最大集中绿地面积越大，对生物种群的稳定越有利，其本质是绿色空间结构的合理化。根据规划实施管理的现实价值，最大集中绿地面积主要针对居住区绿地的调控。

设定方法：根据项目的生物多样性目标分级设定。根据本书第5章的实地调查数据，除科技馆小湿地以及陆家嘴中央绿地、明珠公园、豆香园、2号线科技馆站旁树林等城市绿地外，各地块的平均物种丰富度为8，平均香农－威纳多样性指数为1.3，可以此作为街区尺度鸟类生物多样性的基本目标，即能见鸟种数是城市数量最多的四种常见鸟类——麻雀、白头鹎、乌鸫、珠颈斑鸠的一倍以上。因调研发现优势种与常见种共10种，因此拟以物种丰富度10、香农－威纳多样性指数1.5作为较优目标。

根据5.6.2小节所示，最大绿地斑块面积与物种丰富度和香农－威纳多样性指数均在0.01水平上相关，相关系数分别为0.690（强相关）和0.515（中等程度相关）。将最大绿地斑块面积与物种丰富度和香农－威纳多样性指数进行了多项式回归分析（调整R^2均大于0.5，拟合优度基本满足要求）。根据拟合曲线，如以物种丰富度8和多样性指数1.3作为底线标尺，最大集中绿地面积（最大绿地斑块面积）应不小于3 000m²，如设定目标为物种丰富度达到10、多样性指数达到1.5的较好标准，则最大集中绿地面积应不小于4 000m²（图6-8，图6-9）。

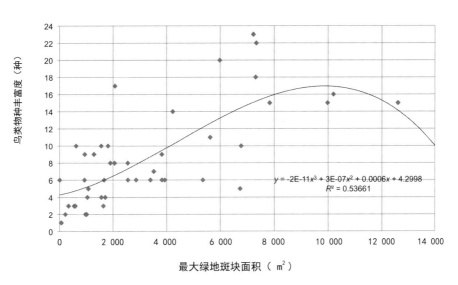

图6-8 世纪大道沿线地块最大绿地斑块面积与鸟类物种丰富度的拟合曲线

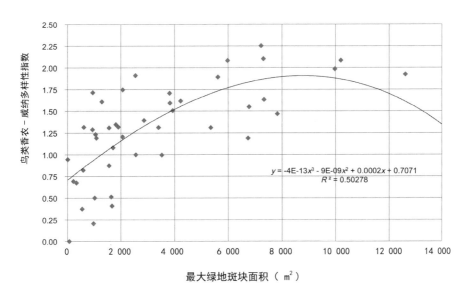

图6-9 世纪大道沿线地块最大绿地斑块面积与鸟类香农－威纳多样性指数的拟合曲线

根据《上海市绿化条例》(2015)规定：新建居住区内绿地面积占居住区用地总面积的比例不得低于35%,其中用于建设集中绿地的面积不得低于居住区用地总面积的10%。如以居住区用地总面积 5 ~ 10hm² 为例,则集中绿地总面积不小于 5 000 ~ 10 000m²。因此其中最大的集中绿地面积不小于 3 000 ~ 4 000m²,与现行规定可以匹配衔接。

D1- 绿化用地植林率（%）

指标释义： 植林率指乔木种植面积占绿化面积的比例,反映能为生物提供更多食性、巢居和休憩空间生态位的乔木植物在绿地中的比例,是植被结构合理性的一种体现。

设定方法： 根据 5.6.3 小节所示,乔木覆盖面积比例与物种丰富度和香农 – 威纳多样性指数均在 0.01 水平上显著相关,相关系数分别为 0.656（强相关）和 0.516（中等程度相关）。笔者同样基于本书第 5 章的实地调查数据,对样地的乔木覆盖面积比例与物种丰富度香农 – 威纳多样性指数绘制了散点图,由于多项式回归拟合优度小于 0.3,因而无法以拟合曲线方法来界定针对不同生物多样性目标的植林率。但研究散点图形态可以发现：物种丰富度大于 8,多样性指数大于 1.3,植林率须在 20% 以上;物种丰富度大于 10,多样性指数大于 1.50,植林率须在 30% 以上（图 6-10,图 6-11）。

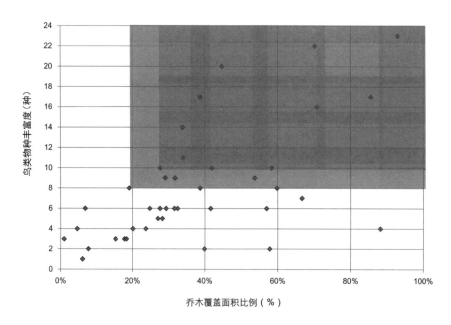

图 6-10 世纪大道沿线地块乔木覆盖面积比例与鸟类物种丰富度的散点图

170

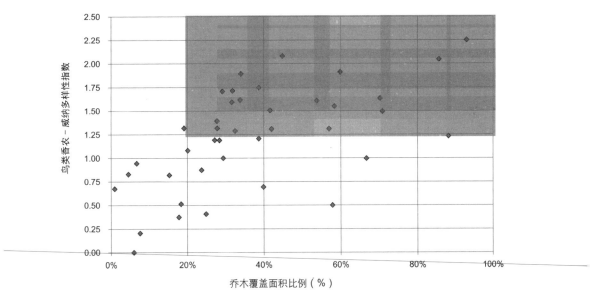

图 6-11 世纪大道沿线地块乔木覆盖面积比例与鸟类香农 – 威纳多样性指数的散点图

D2- 乔木平均高度（m）

指标释义： 乔木高度指乔木露出地表的根茎部至树冠顶部之间的垂直距离。乔木平均高度反映的是植被复层为鸟类等生物提供的空间生态位高度，乔木平均高度越高，鸟类可以利用的植被垂直生态位越多。该项指标可以为乔木选种提供依据。

设定方法： 根据目标物种的乔木层利用高度需求设置。根据 5.6.3 小节所示，乔木平均高度与物种丰富度和多样性指数均在 0.01 水平上显著相关，相关系数分别为 0.480 和 0.520，即呈现中等程度相关。散点图分析发现：乔木平均高度在 4 ~ 6m、6 ~ 8m、8 ~ 10m 不同区段时，物种丰富度和多样性指数的平均值不断上升（图 6-12，图 6-13）。

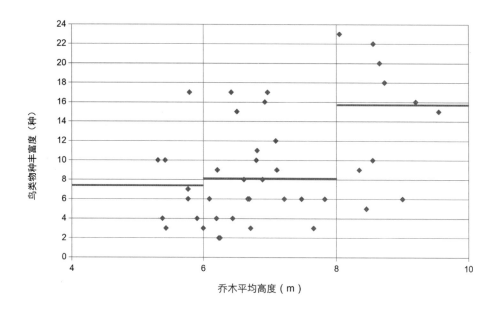

图 6-12 世纪大道沿线地块乔木平均高度与鸟类物种丰富度的散点图
（黑线为各区段平均值）

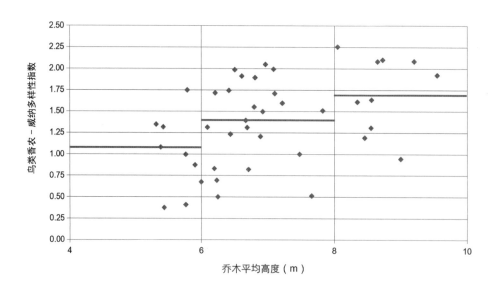

图 6-13 世纪大道沿线地块乔木平均高度与鸟类香农 – 威纳多样性指数的散点图
（黑线为各区段平均值）

D3- 绿地林边退界率（%）

指标释义： 特指街头绿地与街边绿地靠近步行道的第一层连续乔木界面到步行道边界的距离与绿地进深之间的比值，反映的是街头绿地和街边绿地抵抗人类活动干扰的能力。如图 6-14 所示，绿地林边退界率（%）=D_t/D，其中 D_t 表示第一层连续乔木界面的退界距离，D 表示绿地的进深距离。绿地林边退界率越小，为物种提供抵挡外界干扰的庇护所的能力越强。

设定方法： 绿地林边退界率是一个相对指标，综合考虑视线和景观效果，在方案比选时越小越好，一般应不大于 0.5。

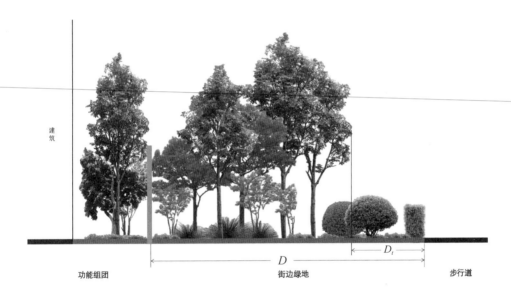

图 6-14 绿地林边退界率指标示意图

上述 5 项指标中，绿色基础设施面积比例、最大集中绿地面积、绿化用地植林率、乔木平均高度 4 项指标，除了可以提升建成环境的生物多样性绩效以外，还具有雨水滞留和净化、空气净化和微气候调节等生态系统服务功能，可以作为综合的生态控制引导指标纳入规划设计体系。

6.6 本章小结

本章基于理论与实证研究，讨论了支撑多重生境生物多样性的城市空间规划设计优化的原则、指标和策略。总结如下：

（1）对应不同尺度和不同空间规划设计层级的城市建成环境对生物多样性的影响要素中，以配比效应和面积效应机制产生影响的要素居多。

（2）从生物基层的空间质量 Q（Quality）和人工环境的干扰压力 P（Pressure）两个角度提出针对一定城市空间范围内建成环境的生物多样性绩效评价模式（Urban Biodiversity Performance Assessment）。不同生境可通过提高生物基层空间的密度、集中度、连通度和高度以"提质"（提升 Q），同时亦可通过降低开发强度和增加人工—自然隔离度以"减压"（减少 P）。

（3）提出不同层级提升城市建成环境生物多样性绩效的城市规划设计优化原则，即总体规划层级以"保护"为主，强调保量、划区、定级、联网；控制性详细规划层级以"导控"为主，强调增量、集绿、控距、通廊；城市设计层级以"提升"为主，强调提效、适植、降扰、共生。

（4）提出不同层级提升城市建成环境生物多样性绩效的城市空间规划设计优化策略，即总体规划层级的优化策略包括优先考虑生态用地限定阈值，细化各类生态用地比例；建立"自然保护区—重要栖息地补充栖息地—共生栖息地"四级保护网络；适当控制城郊地区的开发密度和开发强度，避免开发建设对关键自然地的侵扰；提高生态河网的连接度等。控制性详细规划层级的优化策略包括以"汇—廊—踏脚石"生境链系统构建半人工休闲生境的绿地格局；鼓励人工水面的生态化建设；在滨河地带一定范围内设置成片密林；重视废弃地自然演替后在城市更新中的自然资产价值等。城市设计层级的优化策略包括优化成片集中绿地的形状和配置间距；倡导乔、灌、草复层种植结构和食源性乡土植被；推广分层立体绿化作为离地生境斑块和廊道；城市建筑物、构筑物以及街具设计中考虑鸟类筑巢的孔洞偏好。

（5）得出不同层级提升城市建成环境生物多样性绩效的规划设计关键指标，其中总体规划层级的指标包括 M1- 野生动物重要栖息地用地面积（hm^2）；控制性详细规划层级的优化指标包括 R1- 绿色基础设施面积比例（%）、R2- 最大集中绿地面积（m^2）；城市设计层级的优化指标包括 D1- 绿化用地植林率（%）、D2- 乔木平均高度（m）。

7

结语与展望

7.1 研究结论

本书应对高密度城镇化发展对自然生物栖息空间的侵蚀和生态城市规划建设中生物生境系统的缺失，以人与其他生物在城市中的和谐共生为目标，解析城市生物栖息的空间需求；从全域多重生境的视角，通过实证检验，探讨不同尺度城市建成环境对生物多样性的影响效应与作用机制，提出有效保护生物多样性、促进生态系统服务功能优化的城市空间规划设计控制要素，为在中国城镇化建设过程中平衡"高密度紧凑型"开发的城市空间与保留生物栖息地"韧性"生存空间之间的矛盾，提供城市空间规划设计依据。主要结论有三。

7.1.1 理论建构——城市生物多样性与建成环境的关系理论

1. 城市多重生境叠合理论

本书基于城市生物营养级类群和空间生态位需求，从人与自然全域多维叠合的视角初步构建了城市多重叠合生境理论，提出城市全域多重生境"五大类型"及其功能与供给潜力。对应城市用地性质和人工—自然叠合程度的五大类生境为近自然农林与水域生境、半自然公园绿地生境、半人工休闲绿化生境、人工硬质界面生境和人工废弃—自然演替生境。

2. 城市生物多样性与建成环境的关联影响理论

以叠合基层质量和叠合干扰压力的双重视角，本书提出了城市生物多样性与建成环境六个维度的关联影响理论。 其中，"双视角"影响要素为生物基层承载要素和人工环境干扰要素，"六维度"影响效应为配比效应、面积效应、边缘效应、距离效应、网络效应、高度效应，通过各类影响要素作用于不同尺度的多重生境，产生相互关联的作用机制。

7.1.2 影响机制——两个尺度建成环境对生物多样性的影响机制

本书通过上海的实证研究，讨论了宏观、中微观两个尺度三类城市建成环境变量（开发强度、生态用地、植被格局）对生物多样性的影响机制。

1. 宏观尺度城市建成环境对生物多样性的影响机制

开发强度的影响：经济开发强度（地均 GDP）、人口集聚度（人口密度）以及城市建设强度（建筑密度、道路网密度、高层建筑面积及其比例），作为人类干扰压力对整体生物多样性指数和多类物种丰富度均有较大负面影响，抢占了原生生物的栖息空间，对哺乳动物和鱼类等环境变化敏感生物的影响相对其他物种更大。

生态用地的影响：各类生态用地的规模直接影响生物生存的承载基质，对于上海而言，水域及湿地的规模对生物多样性的影响最大，其次为耕地的规模。因此在生态空间管控中需要优先考虑。为了保证稳定的种群，无论是作为半自然生境的公园绿地建设还是近自然生境的野生动物重要栖息地建设，都需要保证生境的面积效应。

除了在其他相关研究中已经被验证的生态用地斑块密度、景观结合度、聚合度等空间形态变量对生物多样性的影响机制，本研究发现城市水网回路闭合度、线点率、网络连接度的提高，可以提升生态网络的通道效应，在宏观尺度上增加鸟类、鱼类、两栖类、爬行类动物的栖息、迁移和物质能量交流，但对哺乳动物和外来入侵种起到了一定的阻隔作用。

开发强度和生态用地对野生动物重要栖息地的综合影响：在城市法定规划中将不同级别的野生动物栖息地纳入管控范围，是在宏观层面有效保障野生动物多重生境空间的有效手段。远郊地带的栖息地质量优于城郊结合地带和市域边界地带，林地型和湖泊水库型栖息地的规模、近郊和远郊栖息地的规模以及周边地带城市建设对栖息地质量有一定影响。因此，在划定野生动物栖息地时，应当重点关注城郊结合地带残留的半自然生境，保证栖息地的面积并避免周边城市建设的干扰。

2. 中微观尺度城市建成环境对鸟类物种多样性绩效的影响机制

高密度城市中心区的鸟类群落结构单一，以留鸟居多。三类生境相比，人工废弃—自然演替的湿地生境具有比周边半自然公园绿地生境和半人工休闲绿化生境更高的鸟类物种丰富度和更优的多样性，鸟种群落结构更复杂，可以成为城市野生鸟类的重要"汇"生境。半自然公园绿地生境的鸟类物种丰富度高于半人工休闲绿化生境，居住用地的物种丰富度高于公共设施用地。具有集中式中心绿地的高层居住区的鸟类物种多样性优于多层居住区。

开发强度的影响：决定人居环境空间和生物生境空间叠合配比关系的开发强度变量如容积率、建筑密度、绿地率和水面率对中微观尺度的鸟类物种多样性都具有显著影响，其中建筑密度对鸟类物种多样性的影响最大，体现出在高密度城区建设中，高层低密度比低层高密度对鸟类物种多样性更有利。因此，减少建筑占地比例，为生物栖息提供更多基底空间，是提升城市中心区生物多样性的有效方式。

生态用地的影响：绿地斑块的规模（绿地斑块总面积、最大绿地斑块面积、斑块密度）和空间形态（绿地斑块边缘／面积比、最大绿地斑块边缘／面积比、平均邻近指数、景观聚合度指数、景观结合度指数）都对鸟类物种多样性有着较大的影响，前者能为鸟类群落栖居提供所需的承载基层，后者在减少边缘干扰的同时提高生境的距离效应和网络连通效应，从而提升生境的整体品质。此外，水体空间形态效应在居住区和公共服务设施型地块中较为明显。

植被格局的影响：主要包括植被规模（乔木、地被覆盖面积）、植被结构（乔木、地被种数）、植被空间配置（乔木平均高度、街头绿地的干扰边界比例和首层乔木的退界率）。乔木层和地被层是鸟类群落的主要食性空间和巢居空间生态位，这在实际微生境的分析中也得到了验证。植被规模体现了鸟类承载基层的面积效应，植被种数和乔木平均高度体现了复层种植结构对鸟类的吸引力以及鸟类在高密度城区与人类错位利用叠合空间的潜力。干扰边界比例和首层乔木的退界率则体现了街头绿地作为"踏脚石"生境抵抗外界干扰压力的水平。

整体影响：回归分析结果显示，建筑密度和乔木平均高度是对鸟类物种多样性影响最大的变量。而在开发强度确定的状况下，绿地景观结合度指数、乔木平均高度、地被种类与地被覆盖面积比例是对鸟类物种多样性影响最大的四个变量，其中绿地景观结合度的贡献最大，其次是乔木的平均高度，这为绿地的空间形态布局与植被空间配置提供了依据。

其他影响：实际微生境分析还发现亦有大量优势种和常见种留鸟在建筑物／构筑物停留休憩，甚至觅食和筑巢，这是城市建成环境特有的现象，初步验证了城市野生动物利用垂直离地生境空间的可能性。

7.1.3 规划应对——提升城市建成环境生物多样性绩效的规划设计优化

综合实证研究中提取的关键影响要素，本书以多重生境中建成环境的生物多样性绩效提升为导向，提出城市建成环境生物多样性绩效的 Q/P（质量／压力）评价模式（Urban Biodiversity Performance Assessment）并明确了多重生境的规划设计调控目标。

结合现有城市规划设计体系，本书提出总体规划"保量、划区、定级、联网"，控制性详细规划"增量、集绿、控距、通廊"，城市设计层级"提效、适植、降扰、共生"的空间规划设计优化原则，构建了 12 条策略和 6 项关键指标组成的优化策略包。

7.2 未来展望

其他生命体和人一样是在城市栖居的居民，对城市生态系统的稳定性有着不可估量的价值，也与人一样有着享用城市空间的权利。然而，生物的生境空间选择偏好原因错综复杂，本书从城市空间规划设计的专业视角出发，力求尽可能全面地探寻影响城市多重生境生物多样性的建成环境影响要素，继而结合现行规划设计体系提出优化原则、优化指标和优化策略，为生态城市的全面建设提供依据。在此基础上，未来或有五个方面的工作可以继续深入开展。

1. 从鸟类到其他物种——城市建成环境对不同种群生物多样性的影响效应与机制研究

由于研究时间和精力的限制，本书在中微观尺度的研究中选择了鸟类作为指征物种进行调研并分析其生物多样性的建成环境影响，未涉及其他物种。而根据第2章的研究，城市生物营养级类群丰富多样，因此城市建成环境对不同种群生物多样性影响效应的研究，可以更深入了解物种间生物多样性环境影响效应的联系与差异，进一步拓展影响效应理论框架并逐步完善。例如，城市昆虫作为城市中种类和数量最多的生物群落，其功能和作用同样不可小视，昆虫和鸟类同样也常常被用于作为指征城市生境变化的关键物种。因此，开展昆虫等其他生物的多样性研究对城市生物多样性监测和保护同样也具有重大意义。

2. 从"关联影响"到"平衡共生"——城市生物多样性与建成环境的和谐关系研究

根据自然界的法则，多种生物间的需求互换维持了环境的稳定状态，而生物间的相互遏制又促进了生态平衡。地球生存空间和资源的总量决定了各种生物的尺度和活动范围。在狭义的自然界内，各种生物在生存空间和资源分配上，自然得当、井然有序，有着一定的规律。而在城市中，人的活动势必抢占原生生物的栖息空间，与其他城市生物形成一种新的动态平衡共生关系。这种关系既不是对立，也不是任何一方的独大。当然，城市生物多样性也可能有一定的负面作用。因此，我们在城市发展中既要为野生动物保留适宜的生存空间，也不能因矫枉过正盲目招引生物过量繁殖而产生另一种类型的生态失衡。本书主要从正、负影响的视角讨论城市生物多样性与建成环境的关系，后续研究可进一步探究城市建成环境中人与各类不同生物的和谐关系，即在城市发展不同阶段、不同发展目标导向下，不同物种的生物多样性与建成环境的和谐度和共生度。

3. 从"生物多样性城市"到"亲自然城市"——人与自然生物互动空间的规划设计方法研究

生物多样性对维护城市生态安全和生态平衡、改善人居环境具有重要意义。本书从生物多样性的视角重新审视生态城市空间规划设计的缺失，"人"主要是通过开发活动对建成环境产生干预从而对生物多样性造成影响。而实际上，人类具有"下意识地寻求与其他生命之间联系"的本能，这种与生俱来的兴趣和好奇心被心理学家和生物学家称为"亲自然性"（Biophilia）或"生命亲和"（Wilson，1984；干靓，2013）。人类与其他生命的积极接触和互动不仅有助于人类本身的身心健康，也对人类主动保护和提升生物多样性具有积极的意义。因此，后续研究可将生物多样性视角提升为人与其他生物互动的"亲自然"视角，进一步探究空间规划设计中如何推动市民通过视觉、听觉、触觉等多种感知力亲身感受自然魅力，获取喜悦、放松、舒缓、启发等幸福感和亲密感，共同推动人与其他生物互动的城市环境建设。

4. 从平面到立体——离地生境的生物多样性及规划设计方法

本书已经初步论证了立体空间界面基质为城市野生鸟类提供生境的潜力，但由于研究精力、时间以及基地现状条件的限制，没有能够对立体离地生境做更深入的观察和分析。对于高密度的中国城市而言，如能在立体空间的绿化建设中纳入生物多样性视角，将为城市生物提供更多的可利用空间，对于城市全域的多重生境系统也是很好的补充。

5. 从理论到实践——支撑多重生境生物多样性的高密度城市空间规划设计导则与示范

本书基于理论和实证研究探索了不同尺度下对生物多样性有影响的建成环境要素，并提出了优化空间规划设计的原则、指标和策略。未来将在不同类型的实践案例中将这些成果加以系统应用，形成指导不同层级生态规划设计的导则，以进一步验证研究成果的适用性；继而通过示范项目检验设计成效，更好地推动以生物多样性为导向的城市规划的落实与应用。

附录1 城市生物多样性测度指标及其内涵

1. 非空间属性指标

（1）**物种个体数量**（Individual Number）：观测到的生物物种的个数。

（2）**物种丰富度**（Richness of Species, S）：被评价区域内已记录的野生哺乳类、鸟类、爬行类、两栖类、淡水鱼类、蝶类的种数（含亚种），用于表征野生动物的多样性。

（3）**生物多样性指数**（Diversity, H）：应用数理统计方法求得表示生物群落的种类和个数量的数值，通常采用香农－威纳（Shannon-Wiener）指数表征。

（4）**均匀度指数**（Evenness, J）：描述物种中的个体的相对丰富度或所占比例。它是指一个群落或生境中全部物种个体数目的分配状况，它反映的是各物种个体数目分配的均匀程度。

（5）**优势度指数**（Superiority, I）：用以表示优势物种在群落中的地位与作用。优势度指数越人，说明群落内物种数量分布越不均匀，优势种的地位越突出。

2. 空间属性指标

（1）**栖息地面积**：指围绕一个或多个"物种种群"（多个动物种类）栖息（生活和生长）的自然环境面积，通常以公顷（hm^2）表示。

（2）**种群密度指数**（Density, D）：样地内单位面积或单位体积中，某种群的个体数量。

（3）**生物量**（Biomass）：某一时间单位面积或体积栖息地内所含一个或一个以上生物种，或所含一个生物群落中所有生物种的总干重（包括生物体内所存食物的重量）。生物量（干重）的单位通常是用 g/m^2 或 J/m^2 表示。

（4）**惊飞距离**（鸟类专用）（Flush Distance）：人在鸟类惊飞之前能接近鸟类的距离，反映了鸟类对人为侵扰的适应程度。

3. 时间属性指标

遇见率（Encounter Rate）：单位时间内遇见某一物种的频率。

附录 2 上海世纪大道周边地区研究区域鸟类调查统计表

序号	目	科	鸟种	居留型	保护级别	数量级				
						春	夏	秋	冬	整年
1	一、鹛鷉目 PODICIPEDIFORMES	(一) 鹛鷉科 Podicipedidae	小鹛鷉Tachybapus ruficollis	留	#	+	+	-	-	+
2	二、鸽形目 COLUMBIFORMES	(二) 鸠鸽科 Columbidae	珠颈斑鸠Streptopelia chinenesis	留	#	++	+	+++	++	++
3	三、鹤形目 GRUIFORMES	(三) 秧鸡科 Rallidae	黑水鸡Gallinula chloropus	留	#	+	+	+	+	+
4	四、鸻形目 CHARADRIIFORMES	(四) 鸥科 Laridae	普通海鸥Larus canus	冬	#	++	-	-	++	++
5	五、鹳形目 PELECANIFORMES	(五) 鹭科 Ardeidae	夜鹭Nycticorax nicticorax	留	#	++	+++	++	++	++
6	五、鹳形目 PELECANIFORMES	(五) 鹭科 Ardeidae	池鹭Ardeola bacchus	夏	#	-	+	-	+	+
7	五、鹳形目 PELECANIFORMES	(五) 鹭科 Ardeidae	白鹭Egretta garzetta	夏	#	+	+	++	+	+
8	六、犀鸟目 BUCEROTIFORMES	(六) 戴胜科 Upupidae	戴胜Upupa epops	旅/夏	#	+	-	-	+	+
9	七、佛法僧目 CORACIIFORMES	(七) 翠鸟科 Alcedinidae	普通翠鸟Alcedo atthis	留	#	-	-	+	-	+
10	八、雀形目 PASSERIFORMES	(八) 伯劳科 Laniidae	红尾伯劳Lanius cristatus	夏	#	-	-	+	-	+
11	八、雀形目 PASSERIFORMES	(八) 伯劳科 Laniidae	棕背伯劳Lanius schich	留	◇/#	++	+	++	+	++
12	八、雀形目 PASSERIFORMES	(九) 鸦科 Corvidae	灰喜鹊Cyanopica cyana	留	#	++	+	++	++	++
13	八、雀形目 PASSERIFORMES	(九) 鸦科 Corvidae	喜鹊Pica pica	留	◇/#	+	-	-	+	+
14	八、雀形目 PASSERIFORMES	(十) 山雀科 Paridae	大山雀Parus major	留	◇/#	+	+	+	+	+
15	八、雀形目 PASSERIFORMES	(十一) 攀雀科 Remizidae	中华攀雀Remiz consobrinus	冬	#	-	-	-	-	+
16	八、雀形目 PASSERIFORMES	(十二) 扇尾莺科 Cisticolidae	纯色山鹪莺Prinia inornata	留		-	+	-	-	+
17	八、雀形目 PASSERIFORMES	(十三) 燕科 Hirundinidae	家燕Hirundo rustica	夏	#	+	+	-	-	+
18	八、雀形目 PASSERIFORMES	(十四) 鹎科 Pycnonotidae	白头鹎Pycnonotus sinensis	留	◇/#	+++	+++	+++	+++	+++
19	八、雀形目 PASSERIFORMES	(十四) 鹎科 Pycnonotidae	栗耳短脚鹎Ixos amaurotis	旅		+	-	-	+	+
20	八、雀形目 PASSERIFORMES	(十五) 柳莺科 Phylloscopidae	黄腰柳莺Phylloscopus proregulus	旅	#	+	+	+	+	+
21	八、雀形目 PASSERIFORMES	(十五) 柳莺科 Phylloscopidae	黄眉柳莺Phylloscopus inornatus	旅	#	+	+	+	+	+
22	八、雀形目 PASSERIFORMES	(十五) 柳莺科 Phylloscopidae	冕柳莺Phylloscopus coronatus	旅	#	+	-	-	-	+
23	八、雀形目 PASSERIFORMES	(十六) 长尾山雀科 Aegithalidae	红头长尾山雀Aegithalos concinnus	留	#	-	-	-	-	+

序号	目	科	鸟种	居留型	保护级别	数量级				
						春	夏	秋	冬	整年
23	八、雀形目 PASSERIFORMES	(十七)莺鹛科 Sylviidae	棕头鸦雀 Paradoxornis webbianus	留		++	+	++	++	++
25	八、雀形目 PASSERIFORMES	(十八)椋鸟科 Sturnidae	八哥 Acridotheres cristatellus	留	◇#	+	+	+	+	+
26	八、雀形目 PASSERIFORMES	(十八)椋鸟科 Sturnidae	丝光椋鸟 Sturnus sericeus	留	#	+	-	+	+	+
27	八、雀形目 PASSERIFORMES	(十九)鸫科 Turdidae	虎斑地鸫 Zoothera dauma	旅	#	+	+	-	+	+
28	八、雀形目 PASSERIFORMES	(十九)鸫科 Turdidae	灰背鸫 Turdus hortulorum	旅	#	+	-	-	+	+
29	八、雀形目 PASSERIFORMES	(十九)鸫科 Turdidae	乌鸫 Turdus merula	留	◇	+++	+++	+++	+++	+++
30	八、雀形目 PASSERIFORMES	(十九)鸫科 Turdidae	白眉鸫 Turdus obscurus	旅		-	-	+	+	+
31	八、雀形目 PASSERIFORMES	(十九)鸫科 Turdidae	白腹鸫 Turdus pallidus	冬/旅	#	+	-	+	++	+
32	八、雀形目 PASSERIFORMES	(十九)鸫科 Turdidae	斑鸫 Turdus naumanni	冬	#	++	-	-	++	+
33	八、雀形目 PASSERIFORMES	(二十)鹟科 Muscicapidae	红胁蓝尾鸲 Tarsiger chrysaeus	冬	#	-	-	+	+	+
34	八、雀形目 PASSERIFORMES	(二十)鹟科 Muscicapidae	鹊鸲 Copsychus saularis	留	#	+	-	+	+	+
35	八、雀形目 PASSERIFORMES	(二十)鹟科 Muscicapidae	北红尾鸲 Phoenicurus auroreus	冬	#	+	+	+	+	+
36	八、雀形目 PASSERIFORMES	(二十)鹟科 Muscicapidae	乌鹟 Muscicapa sibirica	旅	#	+	-	+	+	+
37	八、雀形目 PASSERIFORMES	(二十)鹟科 Muscicapidae	北灰鹟 Mt.scicapa dauurica	旅	#	+	-	+	+	+
38	八、雀形目 PASSERIFORMES	(二十)鹟科 Muscicapidae	黄眉姬鹟 Ficedula narcissina	旅	#	-	-	-	-	+
39	八、雀形目 PASSERIFORMES	(二十)鹟科 Muscicapidae	鸲姬鹟 Ficedula mugimaki	旅	#	-	-	+	+	+
40	八、雀形目 PASSERIFORMES	(二十一)梅花雀科 Estrildidae	白腰文鸟 Lonchura striata	留		+	+	+	-	+
41	八、雀形目 PASSERIFORMES	(二十二)雀科 Passeridae	麻雀 Passer montanus	留	#	+++	+++	+++	+++	+++
42	八、雀形目 PASSERIFORMES	(二十三)鹡鸰科 Motacillidae	白鹡鸰 Motacilla alba	旅/冬	#	+	+	++	++	++
43	八、雀形目 PASSERIFORMES	(二十三)鹡鸰科 Motacillidae	树鹨 Anthus hodgsoni	冬	#	+	+	-	+	+
44	八、雀形目 PASSERIFORMES	(二十四)燕雀科 Fringillidae	黑尾蜡嘴雀 Eophona migratoria	冬	#	+	+	+	+	+
45	八、雀形目 PASSERIFORMES	(二十四)燕雀科 Fringillidae	金翅雀 Carduelis sinica	留	#	-	+	-	-	+
46	八、雀形目 PASSERIFORMES	(二十四)燕雀科 Fringillidae	黄雀 Carduelis spinus	冬	#	-	-	-	-	+
47	八、雀形目 PASSERIFORMES	(二十五)鹀科 Emberizidae	黄喉鹀 Emberiza elegans	冬	#	-	-	+	+	+

注: 1. 居留型: "留"指留鸟(Resident), 全年在上海区域内生活, 春秋不进行长距离迁徙的鸟类; "夏"指夏候鸟(Summer Visitor), 春季迁徙来上海繁殖, 秋季再向越冬区南迁的鸟类; "冬"指冬候鸟(Winter Visitor), 冬季来上海越冬, 春季再向北方繁殖区迁徙的鸟类; "旅"指旅鸟(Passage Migrant), 春秋迁徙时旅经此地, 不停留或仅有短暂停留的鸟类。

2. 保护级别: "◇"指上海市重点保护鸟类; "#"指有益、有科研和经济价值鸟类。

3. 数量级: "+++"表示 $P_i > 10\%$; "++"表示 $10\% \geq P_i > 1\%$; "+"表示 $P_i \leq 1\%$; "−"表示未发现。

参考文献

ALBERTI M, BOOTH D, HILL K, et al. The impact of urban patterns on aquatic ecosystems: an empirical analysis in puget lowland sub-basins [J]. Landscape and Urban Planning, 2007, 80(4): 345-361.

ALBERTI M, MARZLUFF J M. Ecological resilience in urban ecosystems: linking urban patterns to human and ecological functions [J]. Urban Ecosystems, 2004, (7): 241-265.

AUDUBON MINNESOTA. Bird-safe building guidelines [R]. 2010.

BERLIN DEPARTMENT OF URBAN DEVELOPMENT. Valuable areas for flora and fauna [R]. 1995.http:// www. stadtentwicklung.berlin.de/umwelt/ umweltatlas/ei503.htm.

BLAIR R B, LAUNER A E. Butterfly diversity and human land use: species assemblages along an urban gradient [J]. Biological Conservation, 1997, 80: 113-125.

BLAIR R B. Birds and butterflies along an urban gradient: surrogate taxa for addressing biodiversity? [J]. Ecological Applications, 1999, 9(1): 164-170.

BLAIR R B. Birds and butterflies along urban gradients in two ecoregions of the U.S [A]. In: Lockwood JL, eds. Biotic Homogenization [C]. Norwell(MA): Kluwer, 2011: 33-56.

BLAIR R B. Land Use and Avian Species Diversity along an Urban Gradient [J]. Ecological Applications, 1996, 6(2): 506-519.

BRENNAN C, CONNOR D O. Green city guidelines: advice for the protection and enhancement of biodiversity in medium to high-density urban developments [R]. Dublin: UCD Urban Institute Ireland, 2008.

BRENNEISEN S. Space for urban wildlife: designing green roofs as habitats in Switzerland [J]. Urban Habitats, 2006, 4(1):27-36.

BREUSTE J,PAULEIT S, HAASE D, et al.Stadtökosysteme Funktion, Management und Entwicklung[M]. Berlin/Heidelberg:Springer-Verlag GmbH , 2016.

BURGHARDT T K, TALLAMY W D, SHERIVER W G. Impact of native plants on bird and butterfly biodiversity in suburban landscapes [J]. Conservation Biology, 2009, 23(1): 219-224.

CHAN L, HILLEL O, ELMQVIST T, et al. User's Manual on the Singapore Index on Cities' Biodiversity (also known as the City Biodiversity Index)[R]. Singapore: National Parks Board, Singapore, 2014. Available at: https://www.nparks.gov.sg/-/media/nparks-real-content/biodiversity/singapore-index/users-manual-on-the-singapore-index-on-cities-biodiversity.pdf. (Chinese edition available at: https://www.nparks.gov.sg/-/media/nparks-real-content/biodiversity/singapore-index/singapore-index-users-manual--chinese-translation.pdf.)

CITY PLANNING DEPARTMENT OF HELSINKI. Viikk-a university district and science park for the 2000's [R]. 1999.

CONNERY K. Biodiversity and urban design: seeking an integrated solution [J]. Journal of Green Building, 2009, 2: 23-38.

DAVIS W F. Mapping and monitoring terrestrial biodiversity using geographic information system [C]//PENG C I and CHOU C H(eds). Biodiversity and terrestrial ecosystem. Taipei: Institute of Botany, Academia Sinica Monograph Series, 1994, (14): 461-471.

DENYS C, SCHMIDT H. Insect communities on experimental mugwort plots along an urban gradient [J]. Oecologia, 1998, 113: 114-116.

DEPARTMENT FOR FOOD AND RURAL AFFAIRS (DEFRA). UK biodiversity 2020: a strategy for england's wildlife and ecosystem services [R]. 2011.

DEUTSCHE UMWELTHILFE E.V, FUNDACIÓN BIODIVERSIDAD, LAKE BALATON DEVELOPMENT COORDINATION AGENCY, et al. Capitals of biodiversity: european municipalities lead the way in local biodiversity protection [R]. 2011.

DOUGLAS I, JAMES P. Urban ecology: an introduction [M]. Routledge, 2014.

EMILSSON T, PERSSON J, MATTSSON J E. A critical analysis of the biotope-focused planning tool: green space factor[R]. Available at: https://www.researchgate.net/publication/259200418

EUROPEAN COMMISSION. Council Directive 92/43/ E E C o f 21 May 1992 on the Conservation of Natural Habitats and of Wild Fauna and Flora[S]. http://ec.europa.eu/environment/nature/legislation/habitatsdirective/index_en.htm

ENVIRONMENT AGENCY, BRIGHTON & HOVE CITY COUNCIL, THE BAT CONSERVATION TRUST, et al. Biodiversity positive: eco-towns biodiversity worksheet[R]. London, UK: Town and Country Planning Association, 2009.

FERNÁNDEZ-JURICIC E, JOKIMAKI J. A habitat island approach to conserving birds in urban landscapes: case studies from southern and northern Europe [J]. Biodiversity and Conservation, 2001, (10): 2023-2043.

FORMAN R T T. Urban ecology: science of cities [M]. New York: Cambridge University Press, 2013.

FRANCIS R A, CHADWICK A M. What makes a species synurbic?[J]. Applied Geography, 2012, 32: 514-521.

FRANCIS R A. Wall ecology a frontier for urban biodiversity and ecological engineering [J]. Progress in Physical Geography, 2011, 35(1): 43-63.

GERMAINE S S, WAKELING B F. Lizard species distributors and habitat occupation along an urban gradient in Tucson, Arizona, USA [J]. Biological Conservation. 2001, 97(2): 229-237.

GILBERT O L. The Ecology of Urban Habitats[M].London: Chapman & Hall, 1991.

GLISTRA D J, DEVAULT T L, DEWOODY J A, et al. A review of mitigation measures for reducing wildlife mortality on roadways [J]. Landscape and Urban Planning, 2009, 91(1): 1-7.

GÓMEZ-BAGGETHUN E, GREN Å, BARTON D N, et al. Urban ecosystem services [C]// Michail Fragkias, Julie Goodness, Burak Güneralp, Peter J. Marcotullio, Robert I. McDonald, Susan Parnell et al. (eds.): Urbanization, Biodiversity and Ecosystem Services: Challenges and Opportunities. A Global Assessment. Dordrecht: Springer Netherlands; Imprint: Springer, 2013: 175-251.

GUGE, NATIONAL PARK BOARD. Enhancing urban biodiversity: guiding principles for ecological landscaping [R]. 2010.

GUNNELL K, MURPHY B, WILLIAMS C. Designing for biodiversity: a technical guide for new and existing buildings(second edition) [M]. London: RIBA Publishing, 2013.

ISLINGTON COUNTY COUNCIL. Sustainable design and green planning good practice guide 4: biodiversity in the built environment [R]. 2012.

JASON J, CHARLES M F. The effects of light characteristics on avian mortality at lighthouses [J]. Journal of Avian Biology, 2003, 34: 328-333.

JIANG A W, ZHOU F, QIN Y, et al. 10-years of bird habitat selection studies in mainland China: a review [J]. Acta Ecologica Sinica,2012,32(18): 5918-5923.

JIM C Y, CHEN S S. Comprehensive greenspace planning based on landscape ecology principles in compact Nanjing city, China [J]. Landscape and Urban Planning, 2003, 65(3): 95-116.

JOHNSTON J, NEWTON J. Building green, London ecology unit [R]. 1993.

KATHRYN F. Assessing effects of agriculture on terrestrial wildlife: developing a hierarchical approach for the US EPA [J]. Landscape and Urban Planning, 1995, 31(1-3): 99-115.

KOWARIK I. Das Besondere der städtischen Flora und Vegetation[M]// Natur in der Stadt – der Beitrag der Landespflege zur Stadtentwicklung. Schriftenreihe des Deutschen Rates für Landespflege. 1992, 61. Aufl.:33–47.

KOWARIK I. The role of alien species in urban flora and vegetation [C]// Pysek P, eds. Plant Invasions-General Aspect sand Special Problems. Amsterdam, Netherlands: S PB Academic, 1995: 85-103.

LEE P F, DING T S, HSU F H, et al. Breeding bird species richness in Taiwan: distribution on gradients of elevation, primary productivity and urbanization [J]. Biogeography, 2004, (31): 307-314.

LI F, WANG R S, PAULUSSEN J, et al. Comprehensive concept planning of urban greening based on ecological principles: a case study in Beijing, China [J]. Landscape and Urban Planning, 2004, 72(4): 325-336.

ŁOPUCKI R, MROZ I, BERLIŃSKI L, et al. Effects of urbanization on small-mammal communities and the population structure of synurbic species: an example of a medium-sized city [J]. Canadian Journal of Zoology, 2013, 91(8): 554-561.

LUNIAK M. Synurbization-adaptation of animal wildlife to urban development [C]// Shaw et al. (Eds.) Proceedings 4th International Urban Wildlife Symposium. 2004: 50-55.

MACKIN-ROGALSKA R, PINOWSKI J, SOLON J, et al. Changes in vegetation, avifauna, and small mammals in a suburban habitat [J]. Polish Ecological Studies, 1988, 14: 293-330.

MARZLUFF J M. Worldwide urbanization and its effects on birds [C]// Marzluff JM, eds. Avian Ecology in an Urbanizing World. Norwell (MA): Kluwer, 2001: 19-47.

MEDLEY K E, MCDONNEL M J, PICKETT S T A. Forest landscape structure along an urban-to-rural gradient [J]. Professional Geographer, 1995, 47: 159-168.

MIKULA P, HROMADA M, ALBRECHT T, et al. Nest site selection and breeding success in three turdus thrush species coexisting in an urban environment [J]. ACTA ORNITHOLOGICA, 2014, 49(1): 83-92.

MILTNER R J, WHITE D, YODER C. The biotic integrity of streams in urban and suburbanizing landscapes [J]. Landscape and Urban Planning, 2004, 69(1): 87-100.

MÜLLER N, IGNATIEVA M, HILON C H, et al. Patterns and trends in urban biodiversity and landscape design [R]// UN-Habitat et al. Urbanization, biodiversity and ecosystem services: challenges and opportunities-a global assessment. Nairobi: UN-Habitat, 2012: 123-174.

MÜLLER N, WERNER P. Urban biodiversity and the case for implementing the convention on biological diversity in towns and cities [C]//Müller N, Werner P, John G. et al. Urban biodiversity and design. Oxford: Wiley-Blackwell, 2010: 1-34.

NATIONAL PARKS BOARD. Conserving our biodiversity: Singapore national biodiversity strategy and action plan [R]. Singapore: National Parks Board, 2009.

NEW YORK CITY AUDUBON SOCIETY. Bird-safe building guidelines [R]. 2007.

ORTEGA-ALVAREZA R, MACGRE-GOR-FORS I. Living in the big city: effects of urban land-use on bird community structure, diversity, and composition [J]. Landscape and Urban Planning, 2009, 90(3-4): 189-195.

PARKER S T, NILON H C. Urban landscape characteristic correlated with the synurbanzation of wildlife [J]. Landscape and Urban Planning, 2012, 106: 316-325.

PICKETT S T A, CADENASSO M L, GROVE J M, et al. Urban ecological systems: linking terrestrial ecological, physical, and socioeconomic components of metropolitan areas [J]. Annual Review of Ecology and Systematic, 2001, (32):127– 157.

RACEY G D, EULER D L. Small mammal and habitat response to shoreline cottage development in central Ontario, Canada [J]. Canadian Journal of Zoology, 1982, 60(60): 865-880.

REIS E, LÓPEZ-IBORRA G M, PINHEIRO R T. Changes in bird species richness through different levels of urbanization: implications for biodiversity conservation and garden design in Central Brazil [J]. Landscape and Urban Planning, 2012, (107): 31-42.

ROBERT H, MACARTHU R, EDWARD O, et al. The theory of island biogeography [M]. Princeton University Press, 1967.

SAN FRANCISCO PLANNING DEPART-MENT. Standards for bird-safe buildings [R]. 2011.

SENATSVERWALTUNG FÜR STADTENT-WICKLUNG UND UMWELT. Berliner Strategie zur biologischen Vielfalt [R]. Berlin: Senatsverwaltung für Stadtentwicklung und Umwelt, 2012.

SHARPE D M, STEARNS F, LEITNER L A, et al. Fate of natural vegetation during urban development of rural landscape in south eastern Wisconsin [J]. Urban Ecology, 1986, 9: 267-287.

THE URBAN AND ECONOMIC DEVELOPMENT GROUP. Biodiversity by Design: A guide for sustainable communities[R]. London, UK: Town and Country Planning Association, 2004.

TOMIAŁOJC L. Human initiation of synurbic populations of waterfowl, raptors, pigeons and cage birds [M] // MURGUI E, HEDBLOM M, eds. Ecology and conservation of birds in urban environments. Springer International Publishing, 2017: 271-286.

TRATALOS J, FULLER R A, WARREN P H, et al. Urban form, biodiversity potential and ecosystem services [J]. Landscape and Urban Planning, 2007,(83): 308-317.

UDVARDY M F D. Notes on the ecological concepts of habitat, biotope and niche [J]. Ecology, 1959, 40: 725-728.

UN-HABITAT, et al. Cities and biodiversity outlook: action and policy [R]. Nairobi: UN-Habitat, 2012.

UNITED NATION ENVIRONMENT PROGRAM. A summary of the millennium ecosystem assessment: biodiversity synthesis [R]. Nairobi: UNEP, 2005.

VAN HEEZIK Y, SMYTH A, MATHIEU R. Diversity of native and exotic birds across an urban gradient in a New Zealand city [J]. Landscape and Urban Planning, 2008, 87: 223-232.

WERNER P, GROKLOS M, EPPLER G, et al. Schutz gebäudebewohnender Tierarten vor dem hintergrund energetischer Gebäudesanierung. Hintergründe, Argumente, Positionen. in Städten und Gemeinden [R]. Technical Report for BFN, August. 2016.

WHITTAKER R H, LEVIN S A, ROOT R B. Niche, habitat and ecotope [J]. American Naturalist, 1973, 107(955): 321-338.

WILSON, E O. Biophilia[M]. Cambridge, UK: Harvard University Press. 1984.

YARROW G. Habitat requirements of wildlife: food, water, cover and space [J]. Forestry and Natural Resources, May 2009:1-5.

ZERBE S, MAURER U, SCHMITZ S, et al. Biodiversity in Berlin and its potential for nature conservation[J]. Landscape and Urban Planning, 2003, 62(3): 139-148.

安超, 沈清基. 基于空间利用生态绩效的绿色基础设施网络构建方法 [J]. 风景园林, 2013,（2）: 22-31.

蔡音亭, 唐仕敏, 袁晓, 等. 上海市鸟类记录及变化[J]. 复旦学报（自然科学版）, 2011, 50（3）: 334-343.

曹兴兴. 广州市城市生物多样性保护规划研究 [D]. 广州：仲恺农业工程学院硕士论文，2013.

陈利顶，等. 源汇景观格局分析及其应用 [M]. 北京：科学出版社，2016.

陈水华，丁平，郑光美，等. 城市鸟类群落生态研究展望 [J]. 动物学研究，2000，（2）：165–169.

陈思. 城市水网景观的分析研究——以南京和天津中心城区为例 [D]. 天津：天津硕士学位论文，2012.12.

崔仁泽. 无锡市城市生物多样性保护规划编制研究 [D]. 南京：南京农业大学硕士论文，2011.

傅伯杰，陈利顶，马克明，等. 景观生态学原理及应用 [M]. 2版. 北京：科学出版社，2011.

干靓. 生命亲和城市理论及其对中国生态城市建设的启示 [C]// 2013 城市发展与规划大会. 2013.07.

葛振鸣，王天厚，施文彧，等. 环境因子对上海城市园林春季鸟类群落结构特征的影响 [J]. 动物学研究，2005，26（1）：17–24.

耿国彪. 生命是如此的精彩 [J]. 绿色中国 A 版，2013，（8）：10–21.

郭旗，王全来. 中新天津生态城生物资源调查 [J]. 安徽农业科学，2008，36（33）：14705–14706.

郝日明，张明娟. 中国城市生物多样性保护规划编制值得关注的问题 [J]. 中国园林，2015，31（8）：5–9.

胡忠军，于长青，徐宏发，等. 道路对陆栖野生动物的生态学影响 [J]. 生态学杂志，2005，24（4）：433–437.

环境保护部. 生物多样性观测技术导则——鸟类：HJ 710.4–2014 [S]. 北京：中国环境科学出版社，2014.

黄国勇. 泉州市生物多样性保护工程建设对策 [J]. 中国生态农业学报，2002，10（4）：101–102.

黄越，刘畅，李树华. 基于城市自然保护的柏林景观规划评述及对我国的启示 [J]. 风景园林，2015（5）：16–24.

贾治邦. 保护湿地与生物多样性为积极应对全球气候变化作贡献 [N]. 中国绿色时报，2010–02–05.

金旻矣. 两年野外科考摸清"家底"，上海 219 种鸟八成"过客" [N]. 新民晚报，2016–04–10.

金杏宝，周保春，秦祥堃，等. 上海江湾机场生物多样性 [A]. 马克平（主编）中国生物多样性保护与研究进展 [C]. 气象出版社，2005：394–429.

李迪华. 碎片化是生物多样性保护的最大障碍 [J]. 景观设计学，2016，（3）：34–39.

191

李果，吴晓莆，罗遵兰，等 . 构建我国生物多样性评价的指标体系 [J]. 生物多样性, 2011, 19 (05)：497–504.

李昊民，罗咏梅，王四海，等 . 替代指标在生物多样性快速评价中的应用 [J]. 生态学杂志，2011，30（06）：1270–1278.

李昊民 . 生物多样性评价动态指标体系与替代性评价方法研究 [D]. 北京：中国林业科学研究院博士论文，2011.

李健，屠启宇 . 生态文明视野下特大城市空间结构的转型优化——以上海为例 [J]. 上海城市管理，2014,（6）：9–14.

李俊生，高吉喜，张晓岚，等 . 城市化对生物多样性的影响研究综述 [J]. 生态学杂志, 2005, 24（8）：953–957.

李雪梅，程小琴 . 生态位理论的发展及其在生态学各领域中的应用 [J]. 北京林业大学学报，2007，（S2）：294–298.

联合国环境规划署 . 生物多样性公约秘书处 . 全球生物多样性展望 [R]. 3 版 . 蒙特利尔 . 2010.

联合国环境与发展大会签署 . 生物多样性公约（Convention on Biological Diversity）[Z]. 1992.

林宪德 . 城乡生态 [M]. 2 版 . 台北：詹氏书局，2001.

林宪德 . 绿色建筑——生态 节能 减废 健康 [M]. 北京：中国建筑工业出版社，2007：84，94.

刘海龙 . 连接与合作生态网络规划的欧洲及荷兰经验 [J]. 中国园林，2009，25（9）：31–35.

刘佳妮 . 基于鸟类栖息地修复的浙江省城市滨水开放空间设计研究 [D]. 杭州：浙江农林大学硕士论文，2015.

陆亮，郝瑞军，梁晶，等 . 上海市基本生态网络规划策略研究 [J]. 上海城市建设，2016，（2）：62–68.

陆祎玮，唐思贤 . 上海城市绿地冬季鸟类群落特征与生境的关系 [J]. 动物学杂志，2007，42（5）：125–130.

栾晓峰 . 上海鸟类群落特征及其保护规划研究 [D]. 上海：华东师范大学博士论文，2003.

马建章 . 城市野生动物管理问题的探讨 [J]. 园林，2012，（3）：12–15.

毛齐正，马克明，邬建国，等 . 城市生物多样性分布格局研究进展 [J]. 生态学报，2013, 33（4）：1051–1064.

潘珺珺 . 基于鱼类栖息地修复的浙江省城市湖泊公园设计研究 [D]. 杭州：浙江农林大学硕士论文，2013.

裴恩乐 . 上海城市野生动物保护探索 [J]. 园林，2012，（3）：21–25.

上海市规划和国土资源局. 上海市生态保护红线划示规划方案 [Z]. 2015.10.

上海市规划和国土资源局. 上海市控制性详细规划技术准则（2016 年修订版）[S]. 2016.12.

上海市环境保护局，上海市绿化和市容管理局，上海市农业委员会，等. 上海市生物多样性保护战略与行动计划（2012—2030 年）[R]. 2013.05.

上海市林业局. 上海完成全国第二次陆生野生动物资源调查之水鸟同步调查 [N]. http://www.shanghai.gov.cn/nw2/nw2314/nw2315/nw4411/u21aw1097711.html，2016-1-20.

上海市农林局（主编）. 上海市陆生野生动植物资源 [M]. 上海：上海科学技术出版社，2004.

上海市人民政府. 上海市主体功能区规划 [Z]. 2012.12.30.

上海市野生动物保护站. 上海重要野生动物栖息地调查与评估报告 [R]. 2008.

尚玉昌. 现代生态学中的生态位理论 [J]. 生态学进展，1988，（2）：77-84.

尚占环，姚爱兴，郭旭生. 国内外生物多样性测度方法的评价与综述 [J]. 宁夏农学院学报，2002，（03）：68-73.

沈敏岚. 上海建 4 个保护区出台 4 部保护法，造野生动物乐土 [N]. 新民晚报，2011-02-16.

沈清基. 土地利用规划与生物多样性——《针对英格兰东南部地区规划和发展部门的生物多样性指南》评介 [J]. 城市规划汇刊，2004，（2）：85-89.

沈清基. 城市生态环境：原理、方法与优化 [M]. 北京：中国建筑工业出版社，2011.

慎金花，等. 城镇化领域国际研究态势 [R]. 同济大学高密度区域智能城镇化协同创新中心种子基金课题报告 [R]. 2015.

汤臣栋，管利琴，谢一民. 上海市野生动植物及其栖息地保护管理现状及思考 [J]. 野生动物，2003，（6）：51-53.

唐仕敏，唐礼俊，李惠敏. 城市化对上海市五角场地区鸟类群落的影响 [J]. 上海环境科学，2003，（6）：406-410.

童效平，周莉，杨萍萍. 鸟的食源性乡土植物及其应用 [C]// 中国植物园学术年会论文集. 中国南宁，2009.

万本太，徐海根，丁晖，等. 生物多样性综合评价方法研究 [J]. 生物多样性，2007，15（1）：97-106.

王国宏. 再论生物多样性与生态系统的稳定性 [J]. 生物多样性，2002，10（1）：126-134.

王海珍. 城市生态网络研究：以厦门为例 [D]. 上海：华东师范大学硕士论文，2005.

193

王敏，宋岩．服务于城市公园的生物多样性设计 [J]. 风景园林，2014，（1）：47-52.

王明莉，李振基，陈圣宾，等．一个用于区域物种多样性综合评价的指数 [J]. 厦门大学学报（自然科学版），2010，49（5）：738-742.

王卿，阮俊杰，沙晨燕，等．人类活动对上海市生物多样性空间格局的影响 [J]. 生态环境学报，2012，2（1）：279-285.

王小德，马进，张万荣．衢州市城市绿地系统植物多样性保护与建设规划研究 [J]. 浙江大学学报（农业与生命科学版），2005，31（4）：439-444.

王小明，王天厚，刘益宁．城市区域生态要素的研究和信息数据库的构建——以上海世博会区域为例 [M]. 北京：科学出版社，2008.

王彦平，陈水华，丁平．城市化对冬季鸟类取食集团的影响 [J]. 浙江大学学报（理学版），2000，05（3）：330-348.

王彦平，陈水华，丁平．杭州城市行道树带的繁殖鸟类及其鸟巢分布 [J]. 动物学研究，2003，24（4）：259-264.

王云才，韩丽莹，王春平．群落生态设计 [M]. 北京：中国建筑工业出版社，2009.

吴建国，吕佳佳．土地利用变化对生物多样性的影响 [J]. 生态环境，2008，17（3）：1276-1281.

吴正旺，单海楠，王岩慧．设计结合微自然 [J]. 华中建筑，2016，（5）：31-35.

肖琨．绵阳城市园林中不同类型绿地与昆虫多样性关系的研究 [J]. 现代园艺，2005，（10）：10，11.

谢世林，逯非，曹垒，等．北京城区公园景观格局对夏季鸟类群落的影响 [J]. 景观设计学，2016，（3）：10-21.

徐溯源，沈清基．城市生物多样性保护规划理想与实现途径 [J]. 现代城市研究，2009（9）：12-18.

许凯杨，叶万辉．生态系统健康与生物多样性 [J]. 生态科学，2002，21（3）：279-283.

颜文涛，萧敬豪，胡海，等．城市空间结构的环境绩效：进展与思考 [J]. 城市规划学刊，2012，（2）：50-59.

晏华，袁兴中，刘文萍，等．城市化对蝴蝶多样性的影响：以重庆市为例 [J]. 生物多样性，2006，14（3）：216-222.

杨冬青，高峻，韩红霞．城市不同土地利用类型下土壤动物的分布初探 [J]. 上海师范大学学报（自然科学版），2003，32（4）：86-92.

杨刚，王勇，许洁，等．城市公园生境类型对鸟类群落的影响 [J]. 生态学报，2015，35（12）：1-13.

杨耿，曹东杰. 金山区生物多样性保护规划之我见 [J]. 上海农业科技，2005，（5）：10–11.

杨磊. 城市生态用地优化研究——以上海市浦东新区为例 [D]. 上海：同济大学硕士学位论文，2016.

叶颂文，余文娟. 高层高密度城市下的亲生物设计模式研究 [J]. 住宅产业，2016（5）：26–30.

俞青青，包志毅. 城市生物多样性保护规划认识上的若干问题 [J]. 华中建筑，2006，24（6）：90–91.

袁晓，裴恩乐，严晶晶，等. 上海城区公园绿地鸟类群落结构及其季节变化 [J]. 复旦学报（自然科学版），2011，（3）：344–351.

詹运洲，李艳. 特大城市城乡生态空间规划方法及实施机制研究 [J]. 城市规划学刊，2011，（2）：49–57.

张晴柔，蒋赏，鞠瑞亭，等. 上海市外来入侵物种 [J]. 生物多样性，2013，21（6）：732–737.

张玉鑫. 快速城镇化背景下大都市生态空间规划创新探索 [J]. 上海城市规划，2013，（5）：7–10.

张秩通，张恩迪. 城市野生动物栖息地保护模式探讨——以上海市为例 [J]. 野生动物学报，2015，36（4）：447–452.

赵彩君. 以保护城市生物多样性为导向的城市园林绿地规划设计——以澳大利亚珀斯为例 [C]// 第八届国际城市发展与规划大会论文集. 中国珠海：2013.07.

赵海军，纪力强. 生物多样性评价软件的设计与实现 [J]. 生物多样性，2004，12（5）：541–545.

赵明远，刘张璐. 国内外城市生物多样性保护规划发展现状及其规划途径、方法的探讨 [J]. 中国人口·资口与环境，2009，（9）：662–666.

郑光美. 北京及其附近地区夏季鸟类的生态分布 [J]. 动物学研究，1984，5（1）：29–40.

郑光美. 中国鸟类分类与分布名录 [M]. 3版. 北京：科学出版社，2017.

郑文勤. 上海观鸟指南 [R]. 上海：上海市野生动植物保护管理站、上海市野生动植物保护协会、世界自然基金会. 2011.

周鸿鸽. 三明城市植物多样性及其保护规划 [D]. 福州：福建农林大学硕士论文，2008.

《中国大百科全书》总编委会. 中国大百科全书：生物学 [M]. 2版. 北京：中国大百科全书出版社，1993.

致　谢

本书是我的博士论文《城市生物多样性与城市建成环境的关系研究》和我主持的自然科学基金项目《基于生物多样性绩效测评的高密度城镇化地区生态空间格局优化研究》的主要成果。人类的天性中有着对其他生命体的本能热爱，生态文明建设战略与"人与自然生命共同体"的理念，为在城镇化与城市发展过程中如何保护自然生物资源提供了新的依据和方向。在高密度城市建成环境中保护和提升生物多样性，是城市可持续发展面临的关键问题之一，导入生物多样性视角也是城市规划尤其是生态城市规划设计研究中有必要进一步探索的领域，可为未来的城市生态转型发展提供更多的借鉴与参考。

城市生物多样性的研究在国际城镇化和生态城市研究中早已是热门议题之一，但国内城市规划学界对这方面的研究与实践尚处于起步阶段，研究基础薄弱，基础数据缺乏，城市生态学、生物学理论与城市规划实践之间缺少专业知识的转化与联系。2011年底，在导师吴志强院士的鼓励下，我凭借对于城市生态规划研究的一腔热情，踌躇满志地选择这个跨学科领域完成了博士开题答辩。六年半跌跌撞撞的研究历程，每一小步都得到了很多人的帮助，在本书付梓之际，有太多的感谢需要表达。

首先感谢我的导师吴志强院士，从1999年秋天认识吴老师至今，吴老师渊博的知识、前瞻的思维、敏锐的视角以及永远探究事物本质的好奇心，对我的影响深远。无论行政工作多忙，吴老师始终站在探索城市规划领域学术研究的前沿，并不断带领和鼓励我们研究本领域的前沿课题。在整个研究的推进过程中，我一度觉得坚持不下去，是吴老师不断的鼓励和鞭策，让我一次次重拾信心，发现潜能。在我的研究进入瓶颈时期时，也是吴老师及时的指导把我拉回规划研究的核心问题，避免了跨学科研究最易出现的立足点偏移。吴老师还在百忙之中为本书作序，使得这本书的价值和意义得到了更好的呈现。

感谢同济大学城市规划系沈清基教授为本研究提供的大量意见和建议，帮助我推动完善了研究成果，并且在我对自己的研究结论信心不足时鼓励我勇于表达自己的学术观点。

196

感谢同济大学生命科学与技术学院的郭光普副教授,在郭老师及其团队的协助下,我得以学习并完成了本研究核心部分的基础调研,郭老师对自然和生物发自内心的热爱以及不遗余力推动自然教育的情怀也激励着我去持续探索。

感谢同济大学景观学系张德顺教授对本研究植物学部分所提供的指导,让我在植被格局指标选择、调研方法设计、变量计算等方面少走了很多弯路。

感谢美国 Trinity College 陈向明教授和 Joan Morrison 教授,陈教授 2014 年邀请我赴美访学并提供了很好的资助条件,让我在讲课之余更便捷地阅读了大量英文文献,积累了这一领域研究的知识储备。Morrison 教授带我在早春的哈特福德市进行了我生平第一次的鸟类调查,为我回国后开展实证研究打下了基础。

感谢国家自然科学基金委。我在 2012、2014 两个年度以本研究选题申报了国家自然科学基金青年基金项目,并于 2014 年获批。六位匿名评审专家的评审意见坚定了我的研究决心,也帮助我不断修正和明晰研究内容。也正是在国家自然基金项目以及同济大学高密度人居环境生态与节能教育部重点实验室自主与开放课题连续三年的资助下,本研究的调研得以顺利进行。在此一并感谢!

感谢上海浦东新区规划协会会长朱若霖教授、复旦大学王祥荣教授、马志军教授、同济大学张尚武教授、夏南凯教授对我博士论文的评阅意见。感谢陶松龄教授、彭震伟教授、杨贵庆教授、宋小冬教授、朱介鸣教授、卓健教授、耿慧志教授、刘颂教授、王兰教授、王雅娟副教授、钮心毅副教授、姚雪艳副教授、李晴副教授、刘悦来老师、曹静老师、庞磊老师等对本研究的关心和帮助。

由于基础数据的缺失,本研究过程中很多朋友受到了我的"骚扰"并提供了无私的帮助。在此特别感谢上海市浦东新区规划设计研究院陈卫杰副院长、黄瑶所长、前滩国际商务区龚秋霞总规划师、浦东新区环保局审批处陈丽萍女士、上海野生动物保护站张秩通、刘雨邑提供的基础资料以及华东师范大学附属东昌中学张烨晔老师、民办浦东交中初级中学茅永玺老师为入校调研提供的便利。感谢郑迪、吴燕、赵莹、王卿、杨磊等所提供的帮助。感谢参与世纪大道周边地块鸟类调研的宋怡然、戴宇晨、陈子鲲、江鹏程、李希伶、郭文煊、王玲、冷伶、吴晓凯、武健壮等同学,参与植被调研的杨静、谢文婉、管金瑾、傅大伟、王晓洁。感谢孔翎聿、章恒、孙常峰、周洪兵、刘蕾等在 GIS、SPSS、Fragstats 等软件使用过程中的指点和帮助。

感谢我的家人在整个研究过程中的大力支持。感谢我的先生丁宇新,面对我研究过程中的各种情绪,他永远都是一副好脾气的鼓励和安抚,始终相信我能完成优秀的成果。感谢公公婆婆对我事业的理解和支持。感谢母亲对我们生活无微不至的照顾，让我可以有更多时间和精力追求自己的梦想，我欠她的实在很多……非常可惜父亲在2015年秋天不幸离世，没能看到我出版自己的第一本专著，希望爸爸的在天之灵能够感受到女儿的感恩与思念。

感谢同济大学出版社江岱副总编和朱笑黎编辑等为本书中文版的出版所付出的辛勤工作。

本书个别章节内容曾在《国际城市规划》《规划师》《城市发展研究》《上海城市规划》《风景园林》《中国城市林业》等期刊上发表，但成书过程中又进行了进一步的提炼和梳理。"城市生物多样性与建成环境"这一领域还有很多内容需要深入探究，在即将成书之际，新的研究已经开始，基于研究成果的实践项目也正在开展中，希望未来有更多成果可以呈现给各位读者。书中难免疏误之处，敬请各位批评指正！

干靓

2018 年 8 月于同济园